Jochem Kießling-Sonntag

Ziel-vereinbarungs-gespräche

Erfolgreiche Zielvereinbarungen
Konstruktive Gesprächsführung

POCKET BUSINESS

Cornelsen

Verlagsredaktion: Ralf Boden
Technische Umsetzung: Holger Stoldt, Düsseldorf
Umschlaggestaltung: Ellen Meister, Berlin
Titelbild: Mauritius Die Bildagentur

Informationen über Cornelsen Fachbücher und Zusatzangebote:
www.cornelsen.de/berufskompetenz

3. Auflage

Druck: Druckhaus Berlin-Mitte

ISBN 978-3-589-23419-6

Inhalt gedruckt auf säurefreiem Papier
aus nachhaltiger Forstwirtschaft.

Vorbemerkung

Seit einigen Jahren erlebt das Management-Instrument „Führen mit Zielvereinbarungen“ eine Renaissance. Mit ihm hat auch das Zielvereinbarungsgespräch als operatives Führungsmittel – wieder – eine zentrale Funktion in der Kommunikation zwischen Führungskraft und Mitarbeiter erlangt. Der in den 1950er- und 1960er-Jahren in den USA entwickelte Ansatz (Management by Objectives) fand in den 1970er-Jahren Eingang in die deutsche Managementpraxis. Er wurde begrüßt als Instrument der Unternehmenssteuerung, und er passte im Gefolge der 68er-Bewegung gut in ein Führungsklima, das ein kooperatives Miteinander von Führungskraft und Mitarbeiter anstrebte.

Die neue Errungenschaft bestand darin, den Mitarbeiter nicht mehr mit einer bereits festgelegten Leistungserwartung zu konfrontieren, sondern mit ihm partnerschaftlich eine Vereinbarung darüber zu treffen, welche Leistung er in einem bestimmten Zeitraum zu erbringen bereit ist.

Der Grund dafür, dass das Konzept des Führens mit Zielvereinbarungen wieder an Aktualität gewonnen hat, liegt allerdings wohl weniger im Bedürfnis nach mehr Demokratisierung der Unternehmenswelten, sondern in den Anforderungen, die die hochkomplexen und sich immer rascher verändernden Organisationen heute an das Management richten:

> Ziele helfen, die vielfältigen vernetzten Aktivitäten im dynamisierten Unternehmen mit seinen flachen Hierarchien und seinen dezentralisierten, in hohem Maße eigenständig agierenden Einheiten zu koordinieren.

Der Prozess der partnerschaftlichen Zielvereinbarung trägt hierbei der Erkenntnis Rechnung, dass sich die Kompetenz und die Leistungsbereitschaft hochqualifizierter Mitarbeiter immer deutlicher als die erfolgsentscheidenden Ressourcen des Unternehmens herauskristallisieren.

Zudem bildet das Konzept des Führens mit Zielen mit seiner strategischen Ausrichtung und seiner Orientierung an überprüfbaren Ergebnissen ein sinnvolles Verbindungselement zu den heutigen ausdifferenzierten Methoden der unternehmensinternen Erfolgsmessung wie z.B. der Balanced Scorecard.

Das Management-Instrument „Führen mit Zielvereinbarungen" wird in Unternehmen vielfach mit großem Aufwand in Form von Manuals und Gesprächsbögen ausgestaltet. Oft hält jedoch die praktische Umsetzung des Instruments nicht mit den hoch gesteckten Intentionen Schritt: Die Gespräche werden nicht durchgängig von allen Führungskräften geführt, die tatsächlich realisierten Gespräche verlaufen unergiebiger als erhofft, das Feedback im Hinblick auf die Zielerreichung lässt zu wünschen übrig – manche Zielvereinbarungs-Instrumentarien verschwinden als Projektruinen gänzlich in den Schubladen des Managements.

Neben der Unterstützung durch das Top-Management sind vor allem zwei Faktoren für die erfolgreiche Umsetzung von Zielvereinbarungskonzepten erfolgskritisch:
Zum einen muss das Instrument gut ausgestaltet sein; Zeitaufwand und Komplexität des Zielvereinbarungsprozesses sollten die Bereitschaft der Führungskräfte, sich verbindlich auf ein neues „Tool" einzulassen, nicht überstrapazieren.
Zum anderen sollten die Führungskräfte, so sie nicht schon Gesprächsprofis sind, z.B. durch Training angemessen auf die Anforderungen des Zielvereinbarungsgesprächs vorbereitet werden. Gerade die Formulierung operationalisierbarer Ziele bildet hier oft das Nadelöhr erfolgreicher Gesprächsführung. Aber auch das Bemühen, lebendig und flexibel miteinander zu kommunizieren und zugleich den vorstrukturierten Gesprächsbogen präzise im Dialog abzuarbeiten, stellt für viele Anwender von Zielvereinbarungsinstrumentarien eine Herausforderung dar.

Dieses Buch ist in erster Linie für Praktiker geschrieben, die das nötige Rüstzeug und wichtiges Hintergrundwissen für die erfolgreiche Gestaltung von Zielvereinbarungsgesprächen erwerben wollen. Personalverantwortlichen bietet das Buch darüber hinaus Orientierungshilfen, um ein unternehmensspezifisches Zielvereinbarungsinstrument hinsichtlich der entscheidenden Weichenstellungen sinnvoll konzipieren und umsetzen zu können.

Der Band ist in vier Abschnitte gegliedert, die dem Leser Antworten auf die wesentlichen Fragen im Zusammenhang mit dem Zielvereinbarungsgespräch beantworten sollen:

- Warum sind Ziele für den einzelnen Mitarbeiter und die Organisation so wichtig?
- Welche Arten von Zielen gibt es, und wie formuliert man Ziele?
- Wie kann man das Gespräch zur Zielvereinbarung partnerschaftlich und auf der Sachebene verbindlich führen, und wie gestaltet man geeignete Feedback-Prozesse?
- Auf welche Weise kann man getroffene Zielvereinbarungen schriftlich sinnvoll dokumentieren?

Aber brauchen wir Ziele wirklich so dringend? Reicht es nicht aus, wenn wir unser Bestes tun, und ist nicht der Weg eigentlich das Ziel? Hierzu mehr im ersten Kapitel ...

Jochem Kießling-Sonntag

Inhalt

1 Ziele im Kontext der Organisation

Eine Organisation macht Zukunft interessant und greifbar durch Ziele

Ziele bilden bedeutet: Die Zukunft, so wie wir sie uns wünschen, gedanklich vorwegzunehmen oder, um es präziser zu definieren:

> Ein Ziel ist die konkrete Beschreibung eines erwünschten Zustandes zu einem festgelegten künftigen Zeitpunkt.

Sowohl für das Individuum als auch für die – lernende – Organisation ist es wichtig, sich mit Zukunftsszenarien zu befassen und festzulegen, welche Entwicklungen und Ergebnisse angestrebt werden. Nur so entsteht Orientierung, nur so können Energien sinnvoll gebündelt werden und nur so kann genau überprüft werden, ob erreichte Resultate den Erwartungen entsprechen.

1.1 Ziele – alltäglich und außergewöhnlich

Es ist keine Erfindung unserer heutigen Geschäftswelt, unser Handeln an Zielen zu orientieren. Ziele gibt es sicherlich seit Menschengedenken. Ein schöner, einfacher Satz des Philosophen Michel de Montaigne bringt dies kraftvoll zum Ausdruck:

> *„Wer nach keinem bestimmten Hafen steuert, dem ist kein Wind günstig."*

Schon Kinder bilden sehr konkrete Ziele: etwa das Ziel, in diesem Sommer schwimmen zu lernen oder das Ziel, eine Fremdsprache so gut zu beherrschen, dass man in einem anderen Land zur Schule gehen kann, oder Geld genug zusammenzusparen, um sich davon einen lang gehegten Herzenswunsch erfüllen zu können …

Sportlerinnen und Sportlern (Gemeint sind in diesem Buch immer Männer und Frauen. Im Sinne der Lesbarkeit wird im Folgenden auf eine durchgehene sprachliche Differenzierung verzichtet. Ich bitte dafür um Verständnis.) sind messbare Leistungsziele etwas Selbstverständliches, kreative Menschen arbeiten auf die Vollendung ihres Werks hin. Wir schmieden Urlaubspläne und bestimmen unser Reiseziel, wir streben einen bestimmten Abschluss als das Ziel unserer Ausbildung an. Ziele sind etwas Wunderbares, durch sie nimmt unser Wollen Gestalt an und indem wir unser Ziel anderen mitteilen, machen wir deutlich, wofür wir uns konkret einsetzen möchten.

Wer Ziele hat, dem kann geholfen werden: Ziele schaffen Transparenz und geben Orientierung. Ziele können geradezu einen Zauber erzeugen: Wer große, für die Gemeinschaft wichtige Ziele verfolgt, kann manchmal erleben, wie sich im rechten Augenblick Mitstreiter finden (oder finden lassen), die daran mitarbeiten, aus Plänen Wirklichkeit werden zu lassen.

Gewichtige Gegenspieler

So betrachtet lässt sich gegen Ziele kaum etwas einwenden. Und doch: Wer sich beruflich mit Zielen befasst und Zielvereinbarungsgespräche in Organisationen führen oder gar einführen möchte, wird bei den Menschen, die künftig auf der Grundlage von Zielvereinbarungen arbeiten sollen, immer wieder auch auf Widerstände treffen. Diesen Vorbehalten gegen Ziele kann man, wie in den folgenden Abschnitten noch ausführlicher gezeigt wird, argumentativ leicht begegnen, dies nützt aber häufig recht wenig, denn meist handelt es sich um emotionale Widerstände, und Gefühle kann man mit Argumenten bekanntlich schlecht wegdiskutieren.

Da diese Widerstände im Zuge der Zielbegeisterung, wie man sie im Management und in der Fachliteratur derzeit überwiegend findet, kaum diskutiert werden, man aber vermutlich in der Praxis scheitern wird, wenn man kein positives emotionales Ziel-„Klima“ im eigenen Arbeitsbereich erzeugen kann, sei dieser Gesichtspunkt gleich zu Beginn dieses Buchs behandelt. Im Wesentlichen sind es zwei Vorbehalte, die man bei der Einführung von Zielvereinbarungen immer wieder antrifft.

Vorbehalt 1: Der Weg ist das Ziel

Für viele Menschen haben Resultate nicht so eine große Bedeutung. Diese Menschen folgen der Eingebung des Augenblicks, tun das Nächstliegende, gehorchen der Forderung des Tages. Das Tun selbst schenkt ihnen die Erfüllung. Die Früchte ihrer Aktivitäten zu genießen ist für sie dann eher zweitrangig. Sie fragen sich nicht, wann sie eine Sache endlich fertig haben und wie das Ergebnis schlussendlich aussehen wird, sondern sie interessieren sich eher dafür, wie sie im Hier und Jetzt ihre Sache besonders gut machen können – eine durchaus berechtigte Sichtweise.

Dieser prozessorientierte Blickwinkel ist sicherlich bei allen Menschen in einem gewissen Maße ausgeprägt. Im Privatleben dürfen wir dieser Tendenz oft mehr Raum geben als im beruflichen Bereich: Der effizienteste Manager erscheint manchmal im Urlaub vollkommen zeit- und selbstvergessen. Sehr sympathisch!

Die Prozessorientierung ist allerdings bei vielen Menschen eben auch beim beruflichen Handeln stärker wirksam als die Ergebnisorientierung. Das lässt sich genauer psychologisch überprüfen (z.B. mit dem Myers-Briggs Typenindikator – MBTI; siehe dazu auch den im Anhang angeführten Band „ 30 Minuten für Profilierung durch Persönlichkeit“ von Lorenz/Oppitz).

Schaut man genauer hin, kann man feststellen, dass diese Seite im Geschäftsleben auch eine wichtige Funktion erfüllt: Merken wir etwa einem Bankmitarbeiter, der uns zum Thema Geldanlage berät, in jedem Augenblick des Gesprächs an, dass er bestimmte Vertriebsziele erreichen will oder muss, werden wir vermutlich eher reserviert mit ihm umgehen. Und ein Projektmanager, der in einer Teambesprechung beinahe zwanghaft immer nur auf das Ergebnis schaut und jeden Gedanken so-

fort in Form einer terminierten Maßnahme fixieren möchte, wird möglicherweise wichtige inhaltliche Diskussionen, die für Tiefgang sorgen und Fehlern vorbeugen würden, zu früh unterbrechen und vielleicht auch zwischenmenschliche Dissonanzen nicht sensibel genug wahrnehmen und bearbeiten, auf dass der Konflikt weiterschwele und sich auswachse.
Wie also umgehen mit dem – teilweise durchaus berechtigten – Vorbehalt „Der Weg ist das Ziel“?

Hier einige Tipps:

- Ziele brauchen auch Flexibilität: Zeigen Sie ihre Bereitschaft, Ziele mit Argumenten hinterfragen zu lassen und halten Sie nicht zu starr am einmal Fixierten fest.
- Zeigen Sie Wertschätzung gegenüber den prozessorientierten Qualitäten Ihrer Mitarbeiter und nutzen Sie sie!
- Nicht alle Mitarbeiter brauchen gleichermaßen Ziele und Zielvereinbarungsprozesse; wiederkehrende Tätigkeiten z.B. in der Sachbearbeitung müssen nicht zwangsläufig mit Zielen unterlegt werden. Und sehr erfahrene Mitarbeiter, die etwa als Spezialisten ihre Aufgaben exzellent lösen, könnten tief beleidigt reagieren, wenn man sie rigide in ein Zielvereinbarungskonzept hineinzwängen würde.

Auch ein so logisches und in sich stimmiges Konzept wie das Führen mit Zielvereinbarungen verlangt bei der Umsetzung Augenmaß!

Der zweite Vorbehalt gegen Zielvereinbarungsinstrumentarien hängt eng mit dem ersten zusammen.

Vorbehalt 2: Ziele sind kalt

In dem Moment, in dem man den „erwünschten Zustand“ (siehe die Definition oben) erreicht hat, bedeutet „Ziel“ eben nicht mehr Bewegung und Dynamik, sondern das Wort steht dann für das Erstarrte, für das, das nun kein Leben mehr hat, weil es bereits hinter einem liegt und man daran nicht mehr zu arbeiten braucht. Sicherlich, man freut sich, etwas zu erreichen, etwas ins Werk zu setzen, etwas zu vollenden, etwas gemeinsam zu gestalten und zu schaffen und dann geschafft zu haben, aber muss es denn immer gleich ein Ziel sein?

Ziel klingt eben nach Leistungssport – der nicht jedem liegt – und damit auch ein bisschen nach Konkurrenz, es klingt nach Zeitmessung in Hundertstelsekunden, es klingt nach Endpunkt: Der Läufer sinkt erschöpft zu Boden. Die Aktivität hört auf (aber nein, dann gibt es ja neue Ziele ...). – Haben Bäume etwa Ziele? Nicht zuletzt ist mit dem Klang des Wortes „Ziel" auch das Bewusstsein verbunden, dass es ein Scheitern geben kann, eben wenn wir das gesteckte Ziel nicht erreichen. Welche Wohltaten werden uns dann versagt? Müssen wir damit rechnen, entwertet zu werden, wenn unsere Bemühungen misslingen?

Auch dieser zweite Vorbehalt verdient Beachtung, denn schließlich sind die Organisationen, in denen nach den Regeln der Logik konzipierte Zielvereinbarungssysteme eingeführt werden, von Menschen für Menschen gemacht.

Weder als Kunden noch als Mitarbeiter schätzen wir es besonders, nur als Vehikel zur Erreichung von Ergebniserwartungen behandelt zu werden. Gern möchten wir in unserer beruflichen Funktion am großen Ganzen teilhaben und unseren Beitrag leisten, aber wir möchten nicht auf die Rolle von Teilzielerbringern reduziert werden, sondern mit unserem individuellen Wachstumsstreben wertgeschätzt werden.

Kurzum: Die Einführung von Zielvereinbarungen erzeugt leicht die Befürchtung, im Arbeitsumfeld könnte es einen Verlust an Wärme geben. Übrigens verhält sich auch unsere Umwelt nicht so, dass sie unseren Zielerreichungsplänen in jedem Falle entgegenkommt. Kritische Veränderungen im Marktumfeld können etwa dazu führen, dass manche Ziele (z.B. Wachstumsziele) plötzlich unerreichbar werden. Hier zeigt sich, dass wir unsere Ziele immer wieder an das Mögliche anpassen müssen.

Folgende Empfehlungen können helfen, den oft im Hintergrund wirkenden wichtigen Vorbehalt „Ziele sind kalt" abzumildern:

- Gestalten Sie den Vorgang des Vereinbarens von Zielen als einen natürlichen Prozess der Vorausschau; führen Sie das Gespräch mit persönlicher Anteilnahme; behalten Sie den Blick für das Mögliche.
- Erfragen und unterstützen Sie aktiv die Wachstums- und Entwicklungswünsche Ihres Mitarbeiters und setzen Sie diese in eine gute Balance zu den Zielen der Organisation/des Arbeitsbereichs.
- Nicht alles, was Sie im Gespräch als Arbeits- und Entwicklungsperspektive gemeinsam vorsehen, muss in Form eines Ziels fixiert sein. Formulieren Sie als Ziele nur die wenigen für die Organisation essenziellen Eckpunkte für die kommende Arbeitsperiode.
- Ziele brauchen Bilder. Konzentrieren Sie sich nicht nur auf die messbaren Anteile des Ziels, sondern entwickeln Sie gemeinsam mit Ihrem Mitarbeiter Szenarien, wie sich die gegenwärtige Situation sichtbar, fühlbar, verändert haben wird, wenn das Vorgenommene erreicht sein wird. (Und auch diese Situation ist dann ja wieder etwas Lebendiges, ein Übergang zu etwas Neuem.)
- Behalten Sie, auch wenn Sie das Vereinbaren und Überprüfen von Zielen von mancher operativen Führungsarbeit entlasten wird, weiterhin wichtige unterstützende Verhaltensweisen bei wie: Interesse zeigen, als Gesprächspartner präsent sein, Informationen und regelmäßig Feedback geben.
- Bei gewichtigen Einflüssen aus dem Umfeld nehmen Sie Zieländerungen – in Abstimmung mit der Organisation – rasch gemeinsam mit den betroffenen Mitarbeitern vor, ohne zu sehr am zuvor Festgelegten zu hängen.

Es ist aus dem Grunde für Konzeptverantwortliche und Führungskräfte so wichtig, mit den möglichen emotionalen Vorbehalten gegen Ziele und Zielvereinbarungen sensibel umzugehen, weil der gewünschte Effekt – nämlich die nachhaltige Verbesserung der Leistung durch Zielvereinbarungen – eben nur dann eintritt, wenn alle Beteiligten die Ziele akzeptieren.

1.2 Gesteigerte Leistung durch Ziele

Ziele können motivieren! In vielen Studien wurde gezeigt, dass sich Ziele unter bestimmten Voraussetzungen auf die Leistung positiv auswirken (vgl. Locke u. Latham 1992). Vereinbart man mit einem Mitarbeiter ein anspruchsvolles konkretes Ziel, so wird er in aller Regel eine größere Leistung erbringen, als wenn man nur mit ihm verabredet, er möge „sein Bestes" tun. Ziele geben dem Handeln eine Richtung. Handlungsrelevante Informationen werden bevorzugt aufgenommen. Ziele unterstützen die Unterscheidung von Wichtigem und Unwichtigem und lenken die Energien auf Prioritäten. Sie fördern planende und strategiebildende Aktivitäten. Bei anspruchsvollen Zielen nehmen Ausdauer und Engagement zu. Erreichte Ziele geben Selbstbewusstsein – dies umso mehr, je genauer ein Mitarbeiter seinen eigenen Beitrag zur Erreichung des Ziels kennt. Und Selbstbewusstsein wiederum steigert die Überzeugung, auch künftig das, was man sich vornimmt, wirklich erreichen zu können.

Welches sind nun die Voraussetzungen, die gegeben sein müssen, damit Zielvereinbarungen ihre volle Kraft entfalten und sich leistungssteigernd auswirken?

- Grundbedingung ist, dass die Ziele von allen Beteiligten akzeptiert werden und dass sie als wertvoll angesehen werden.
- Die Ziele sollten sowohl anspruchsvoll als auch erreichbar sein; die Leistungsfähigkeit des Mitarbeiters darf nicht überfordert werden.
- Die Ziele müssen spezifisch formuliert sein, d.h., Inhalt, Ausmaß und zeitlicher Bezug des jeweiligen Ziels müssen klar bestimmt sein.
- Der Mitarbeiter muss ein regelmäßiges spezifisches Feedback zu seiner bisher erbrachten Leistung erhalten, um seinen eigenen Leistungsstand laufend überprüfen zu können.
- Die Zielerreichung sollte mit positiven Konsequenzen verbunden sein.

Die Balance von beruflichen und privaten Zielen

Lassen sich Bedingungen wie „präzise Formulierung des Ziels“, „Feedback“ oder „positive Konsequenzen“ bewusst von der Führungsseite her steuern, ist der für die Leistungsbereitschaft so wichtige Aspekt der Zielakzeptanz nur bedingt beeinflussbar. Persönliche Neigungen des Mitarbeiters und seine derzeitige Lebenssituation entscheiden wesentlich darüber, in welchem Maß er sich mit einem bestimmten beruflichen Ziel identifizieren kann und möchte.
So hängt es beispielsweise unter anderem von der individuellen Bewertung materiellen Erfolgs ab, ob ein Vertriebsmitarbeiter bereit ist – auch bei entsprechend besserer Vergütung – ein gegenüber der Vorperiode erheblich gesteigertes Umsatz- oder Ertragsziel zu akzeptieren. Die berufliche Erfolgsperspektive kann unter anderem mit dem Ziel kollidieren, ein erfülltes Privatleben zu führen. Partnerschaft und Familie, Hobbies wie z.B. sportliche Aktivitäten, soziales Engagement und selbst initiierte Maßnahmen zur persönlichen Weiterbildung sind Lebensbereiche, die neben der Berufsausübung wichtige Stimmen im Gesamtkonzert der individuellen Lebensführung darstellen.
Bei Zielkonflikten müssen Entscheidungen über Prioritäten getroffen werden. Das Ziel, als junge Mutter oder junger Vater elterliche Pflichten kontinuierlich und in großem Umfang wahrzunehmen, ist etwa mit der Übernahme einer Aufgabe, die mit ausgedehnter Reisetätigkeit verbunden ist, kaum zu vereinbaren. Hier ist entweder die Rücknahme bzw. Modifikation beruflicher Zielvorstellungen notwendig (gegebenenfalls auch ein Arbeitsplatzwechsel) oder es muss für die Kinderbetreuung anderweitige Unterstützung gefunden werden; vielleicht finden sich auch Kompromisslösungen zwischen den beiden Konfliktpolen.
Das Fortbestehen des ungelösten Konfliktes führt leicht zu einer Beeinträchtigung der Leistungsfähigkeit. Bei der Entscheidung für eine Lösungsvariante sollte auf Tragfähigkeit und

Nachhaltigkeit geachtet werden: Ein Zugeständnis gegenüber dem Arbeitgeber, die hoch gesteckten Leistungserwartungen zu erfüllen, muss kritisch betrachtet werden, wenn es mittel- und langfristig zu Überforderung, Frustration, Burn-out-Erscheinungen, verminderter körperlicher und psychischer Widerstandsfähigkeit oder sogar zu manifesten körperlichen Symptomen führt. Gerade in der gegenwärtigen Just-in-time-Hochleistungskultur ist es für Führungskräfte eine besondere Herausforderung, fürsorglich die Verträglichkeit von Zielen mit im Blick zu behalten.

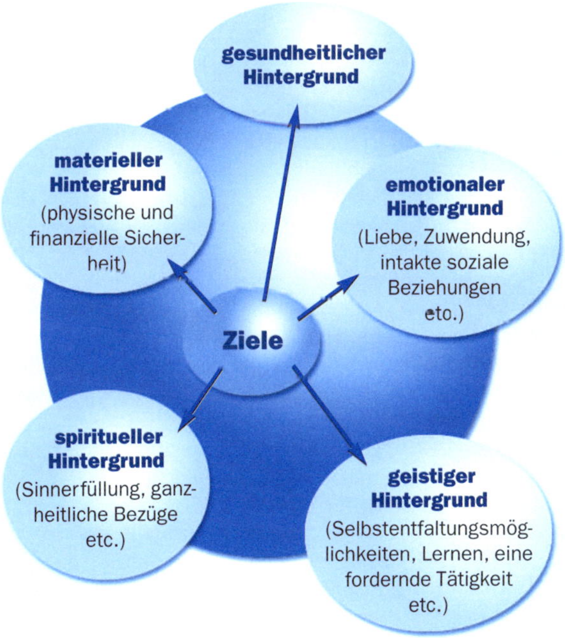

In diesen Kontext müssen sich Ziele einordnen lassen

Auf den Punkt gebracht:

Rahmenbedingungen für erfolgreiche Zielvereinbarungen

Nicht nur die Situation des Mitarbeiters, auch der Entwicklungsstand der Organisation hat einen entscheidenden Einfluss darauf, ob Zielvereinbarungen zu den gewünschten Erfolgen führen.

Zielvereinbarungen als Führungsinstrument können dann ihre positiven Möglichkeiten entfalten, wenn folgende Voraussetzungen gegeben sind:

- Aufgaben und Anforderungen sind eindeutig definiert.
- Der Mitarbeiter besitzt genügend Entscheidungskompetenzen.
- Kompetenzbereiche sind klar abgegrenzt; es ist klar geregelt, wer für was verantwortlich ist.
- Es wird ein partizipativer Führungsstil gepflegt, der dem Mitarbeiter genügend Spielräume lässt, den Weg zur Zielerreichung selbst zu bestimmen.
- Planungs- und Umsetzungsbereitschaft sind in der Organisation in genügendem Umfang vorhanden, sodass Aktivitäten zur Zielerreichung über einen längeren Zeitraum hinweg möglich sind und Widerstände überwunden werden können – im Gegensatz zu einer Kultur willkürlicher Ad-hoc-Entscheidungen.
- Die Vereinbarungen sind mit der Investitions- und Stellenplanung abgestimmt; es werden hinreichende Ressourcen zur Zielerreichung zur Verfügung gestellt.
- Informationen, die der Mitarbeiter benötigt, um sein Ziel zu verfolgen, sind frei zugänglich.
- Es existieren geeignete Kontrollstandards und -instrumente bzw. diese können im Prozess der Zielverfolgung entwickelt werden (z.B. Menge, Zeit, Kosten, Umsatz, Qualität).

Nicht zuletzt hängt die Identifikation der Mitarbeiter mit den vereinbarten Zielen wie auch das Engagement bei Verfolgung der Ziele vom Verhalten der Führungskraft ab. Diese kann einen entscheidenden Beitrag zur Zielakzeptanz leisten.

So unterstützen Sie als Führungskraft die Zielakzeptanz Ihrer Mitarbeiter

Wer mit und in seinem Arbeitsbereich hoch gesteckte Ziele erreichen will, muss ein entsprechendes Klima schaffen. Zeigen Sie, dass Sie der Leistungsfähigkeit Ihrer Mitarbeiter vertrauen, seien Sie offen für unkonventionelle Ideen und Lösungswege. Praktizieren Sie positives Denken. Ihre Zuversicht, dass es lohnend ist, sich mit Ausdauer und Hingabe für anspruchsvolle Ziele zu engagieren, wird sich auf Ihr Team übertragen. Dann können Ziele ihre ganze Kraft entfalten.

1.3 Der Nutzen von Zielvereinbarungen für das Unternehmen, die Mitarbeiter und die Führungskräfte

Die Einführung und nachhaltige Umsetzung eines Zielvereinbarungssystems ist in der Organisation – ganz gleich, ob es sich um ein Wirtschaftsunternehmen oder um eine Non-Profit-Organisation handelt – stets mit hohem Aufwand verbunden. Die Richtung muss vom Unternehmen vorgegeben werden, Rahmenziele müssen im Top-down-Verfahren definiert werden. Es muss ein unternehmensspezifisches Konzept (einschließlich Gesprächsbögen und Manual, gegebenenfalls mit einer spezifischen Honorierungsregelung) entwickelt werden.
In der Regel ist hierfür die Beteiligung von Führungskräften und Mitarbeitern eine wichtige Erfolgsvoraussetzung. Je nachdem, welche Mitarbeiter- bzw. Führungsebenen betroffen sind, ist es darüber hinaus erforderlich, den Betriebsrat mit in den Prozess einzubeziehen.
Die Mitarbeiter müssen umfassend informiert und für das neue Führungsinstrument gewonnen werden. Führungskräfte brauchen hinreichend Gelegenheit, Zielvereinbarungsgespräche zu trainieren; die Gespräche zur Zielvereinbarung selbst binden – abhängig von Führungsspanne und Gesprächsintensität – erhebliche zeitliche Ressourcen, die anderweitig eingesetzt werden könnten …

Es stellt sich die Frage, welcher Nutzen dieser hohen Investition gegenübersteht.

> Die Einführung von Zielvereinbarungen als eine Modeerscheinung zu betrachten, die man sich leistet, weil es andere auch tun, bedeutet Geld zum Fenster hinauszuwerfen und unnötige Frustrationen zu erzeugen.

Nur dann ist die Einführung von Zielvereinbarungen gerechtfertigt, wenn der Aufwand durch signifikante Leistungssteigerungen im Arbeitsbereich mehr als aufgewogen wird.
Und in der Tat:

Wird der Prozess der Einführung von Zielvereinbarungen vom Unternehmen professionell gemanagt, sodass motivierte und qualifizierte Mitarbeiter ein stimmiges Instrument nutzen und mit Leben füllen, profitieren Unternehmen und Mitarbeiter gleichermaßen vom Führen mit Zielen.

Initialzündung durch das Unternehmen

In aller Regel geht freilich die Organisation, repräsentiert durch das obere Management oder den Personalbereich, den ersten Schritt. Man stellt fest, dass es ohne Ziele einfach nicht mehr geht. Für das, was man sich von Zielvereinbarungen verspricht, fällt das Wort Nutzen dann beinahe zu schwach aus. Ziele werden geradezu zum Lebenselixier für die Organisation, denn es geht um nichts weniger als um den Erhalt der Steuerungsfähigkeit.

Rasche Markt- und Umfeldveränderungen, flache Hierarchien mit daraus resultierenden großen Führungsspannen, dezentrale Strukturen (z.B. Center-Konzepte), bereichsübergreifende Projektaktivitäten, hohe Autonomiegrade exzellent qualifizierter, flexibel agierender Spezialisten und ein weit gespanntes Netz von – großteils informellen – Interaktionsmöglichkeiten entziehen einem Führungsstil, der auf Anweisung und Kontrolle zielt, zusehends den Boden.

Im herkömmlichen Sinne ist das Geschehen nicht mehr „beherrschbar". Die vielfache Trennung von fachlicher und disziplinarischer Zuständigkeit, die vermehrte Reisetätigkeit international operierender Mitarbeiter (oder der Führungskraft selbst), die zunehmende Fülle zu verarbeitender Informationen und viele andere Faktoren machen es der Führungskraft oftmals unmöglich, den Mitarbeitern ständig auf die Arbeit zu schauen und nötige Korrekturen sinnvoll vorzunehmen.

Der gänzliche Verzicht auf Steuerung kann indessen die Lösung nicht sein. Er würde dazu führen, dass die verschiedenartigen Prozesse allein ihrer Eigendynamik gehorchen und zentrifugal auseinander driften bzw. nebeneinander herlaufen würden. Hier bieten vereinbarte Ziele die nötige Orientierung.

> Vereinbarte Ziele bilden den Schnittpunkt der strategischen Perspektive des Unternehmens – ausdifferenziert bis hin zum einzelnen Arbeitsplatz – und der zukunftsorientierten Eigenaktivität der Mitarbeiter.

Basis des Führens mit Zielen ist der Wille zum Dialog. Führungskraft und Mitarbeiter bringen Vorstellungen in den Prozess ein und diskutieren über das Machbare. Sichtweisen werden ausgetauscht, Meinungsunterschiede offen angesprochen und bearbeitet, bis am Ende ein Konsens entsteht, hinter dem beide Gesprächspartner stehen können.
Sowohl das Unternehmen als auch der Mitarbeiter stehen auf der Gewinnerseite.

Die konkreten Vorteile für das Unternehmen, den Mitarbeiter und nicht zuletzt für die Führungskraft sind im Folgenden zusammengefasst.

Der Nutzen von Zielvereinbarungen für das Unternehmen

- Das Unternehmen kann seine Energien konsequent auf seine Kernaufgabe richten.
- Durch die Vereinbarung von Gesamt- und Teilzielen können Prozesse und Aufgaben leichter koordiniert werden (Vermeidung von Doppelarbeiten).
- Die Personalentwicklung erhält eine wesentliche Unterstützung und kann strategisch an den erfolgskritischen Kompetenzen ansetzen.
- Die Mitarbeiterbeurteilung wird vereinfacht, da die Erreichung genau definierter Ziele gut messbar ist.
- Die aufgabenbezogenen Kenntnisse und Erfahrungen des Mitarbeiters fließen mit in den Planungsprozess ein.

Ziele geben den verschiedenen Aktivitäten im Unternehmen eine gemeinsame Richtung

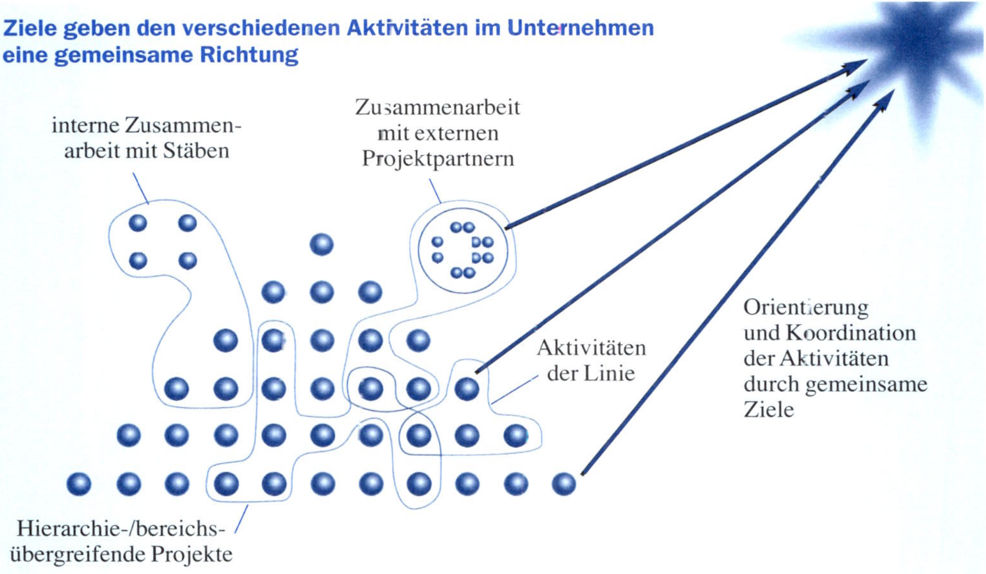

- Die Vereinbarung von Zielen steigert die Identifikation des Mitarbeiters mit den Arbeitsinhalten.
- Ziele schaffen Freiräume für Kreativität und Innovationen, die dem Unternehmen zugute kommen.
- Ziele haben positive Auswirkungen auf das Leistungsverhalten (siehe den vorhergehenden Abschnitt).
- Der Mitarbeiter fühlt sich für die Ergebnisse seiner Aktivitäten stärker verantwortlich, da die Ziele im gegenseitigen Einvernehmen festgelegt wurden.
- Ziele unterstützen die Selbstkontrolle des Mitarbeiters und vermindern die Notwendigkeit von Kontrollen seitens des Vorgesetzten.
- Zeitintensive Abstimmungsprozesse im Tagesgeschäft können verkürzt werden, weil Prioritäten und Handlungsspielräume der Mitarbeiter durch die Zielvereinbarungen klarer geregelt sind.

Der Nutzen von Zielvereinbarungen für den Mitarbeiter

- Der Mitarbeiter erhält eine klare Orientierung über die Ziele des Unternehmens und des eigenen Arbeitsbereichs sowie über den von ihm erwarteten Beitrag zur Unternehmensleistung.
- Er wird aktiv in die Festlegung der für ihn maßgeblichen Ziele mit einbezogen.
- Eigeninitiative und Eigenverantwortung werden nachhaltig erhöht.
- Der Mitarbeiter erhält mehr Möglichkeiten zur Selbststeuerung; sein Spielraum für Kreativität und Autonomie wird größer.
- Die Kriterien, anhand derer der Mitarbeiter später beurteilt wird, werden transparent; er weiß, was von ihm erwartet wird.
- Der Mitarbeiter erhält die Ressourcen und Kompetenzen, die er zur Realisierung seiner Aufgabe benötigt.

- Persönliche Entwicklungsziele werden ernst genommen; herausfordernde Perspektiven unterstützen das persönliche Wachstum.
- Der Mitarbeiter kann eine genauere Selbsteinschätzung vornehmen.
- Er erhält Rückmeldungen im Hinblick auf Stärken und Schwächen auf einer nachvollzichbaren Basis.
- Gute Leistungen werden nicht so schnell vergessen, sondern bleiben als erreichte Ziele gegenwärtig.
- Motivation und Freude bei der Arbeit steigen, da die Aktivitäten in hohem Maße selbst bestimmt sind.
- Das Erreichen von Zielen führt vermehrt zu Erfolgserlebnissen.

Der Nutzen von Zielvereinbarungen für die Führungskraft

- Ziele schaffen eine bessere Ergebnisorientierung als kurzfristige Einzelanweisungen; die Führungseffizienz steigt.
- Durch die Entlastung von Einzelanweisungen wird Zeit für strategische Führungsaufgaben frei.
- Durch die Einbeziehung der Sichtweisen der Mitarbeiter können Entscheidungen auf einer breiteren Grundlage getroffen werden.
- Zielvereinbarungen verschaffen einen besseren Überblick im Arbeitsbereich über Prioritäten und erfolgsentscheidende Aktivitäten.
- Notwendige Ressourcen werden transparenter.
- Über- und Unterbelastung von Mitarbeitern zeigen sich deutlicher.
- Durch wenige klare (Mess-)Kriterien hinsichtlich von Zielerreichungsgraden wird die Beurteilung der Mitarbeiter erleichtert.

1.4 Der Zielvereinbarungsprozess im Unternehmen

Zielvereinbarungen können nur dann die Aktivitäten im Unternehmen auf die Hauptprioritäten lenken, wenn deutlich ist, welches die Hauptprioritäten des Unternehmens sind.
Mit anderen Worten, das Unternehmen muss Farbe bekennen: *„Welches sind unsere wesentlichen Ziele?“*
Nur dann sind Mitarbeiter bereit, im Gefolge von Zielvereinbarungen die Transparenz von Erfolg und Misserfolg zu akzeptieren, wenn sich das Unternehmen mit gleicher Elle messen lässt. Unternehmen, in denen es keine strategische Orientierung gibt, sondern die einen Stil des Durchwurschtelns pflegen, oder in denen die Strategie Verschlusssache ist, werden ein auf Rationalität und Nachvollziehbarkeit angelegtes Managementinstrument wie das Führen mit Zielen kaum energetisch umsetzen können.
Die Formulierung von Oberzielen bildet hier jedoch zumeist nicht den ersten Schritt. Grundlegende Veränderungen im Unternehmen, wie sie in der Folge von Markt- und Umfeldveränderungen in immer rascherer Folge notwendig werden, verlangen einen hohen Einsatz und motivierte Mitarbeiter.
Um das angestrebte überdurchschnittliche Engagement zu fördern, reicht es nicht aus, messbare Erfolge in Aussicht zu stellen; Arbeit sollte nicht nur auf Erfolge ausgerichtet sein, sondern sie sollte auch Sinn vermitteln und an sich als wertvoll erscheinen.
Antoine de Saint-Exupéry hat diesen Gedanken in eine unvergleichliche Metapher gegossen:

> *„Wenn Du ein Schiff bauen willst, so trommle nicht Männer zusammen, um Holz zu beschaffen, Werkzeuge vorzubereiten, Aufgaben zu vergeben und die Arbeit einzuteilen, sondern lehre die Männer die Sehnsucht nach dem weiten, endlosen Meer!“*

Es ist eine glaubwürdige Vision, die Mitarbeiter motiviert, Phasen des Auf- und Umbruchs aktiv mitzutragen. Eine Vision meint hier ein sinnlich vorstellbares, anziehendes und einprägsames Bild von der Zukunft.

Bei einem Automobilhersteller kann dies ein bestimmtes Konzept von Mobilität sein, bei einem Pharmaunternehmen das Ideal von „Gesundheit“ und eine Haltung gesellschaftlicher Verantwortung, bei einem Bekleidungshersteller kann die Vision in der Imagination eines Zustandes multikultureller, klassenübergreifender Verbundenheit bestehen, die sich in der Pflege eines gemeinsamen, z.B. „coolen“ Bekleidungsstils ausdrückt.

Doch Vorsicht: Das schöne Zukunftsbild, in seiner sinnlichen Erfahrbarkeit vielfach für Werbezwecke gebraucht, kann sich als ein Bumerang erweisen, wenn die Unternehmensvision, seine offizielle „Mission“ im krassen Gegensatz zu kritischen Arbeitsbedingungen innerhalb des eigenen Unternehmens steht (siehe hierzu Klein 2002).

Die Vision kann nur dann die Identifikation mit dem Unternehmen unterstützen und zu großen Anstrengungen motivieren, wenn sie mit den im Unternehmen real praktizierten und gelebten Werten übereinstimmt.

Die Vision muss im zweiten Schritt in eine Strategie übersetzt werden, die konkrete Wege aufzeigt: Durch welche Produkte, durch welche technologischen und organisatorischen Prozesse und durch auf welche Weise gestaltete Kundenbeziehungen soll sich das Unternehmen erfolgreich im Wettbewerb behaupten? Aus der Strategie lassen sich konkret die Hauptzielsetzungen des Unternehmens ableiten.

Um den Erfolg der Strategie überprüfen zu können, bedarf es nachvollziehbarer Messkriterien: An welchen quantifizierbaren Leistungsgrößen lässt sich der Erfolg der Strategie sichtbar machen (siehe hierzu auch den folgenden Abschnitt)? Die laufende Messung des Unternehmenserfolgs ermöglicht rasche Kurskorrekturen.

Es ist die Aufgabe des Unternehmens, repräsentiert durch die Führungskräfte, zunächst in Vorleistung zu treten und den Mitarbeitern gegenüber die Richtung zu kommunizieren.

Ablauf des Zielvereinbarungsprozesses im Unternehmen

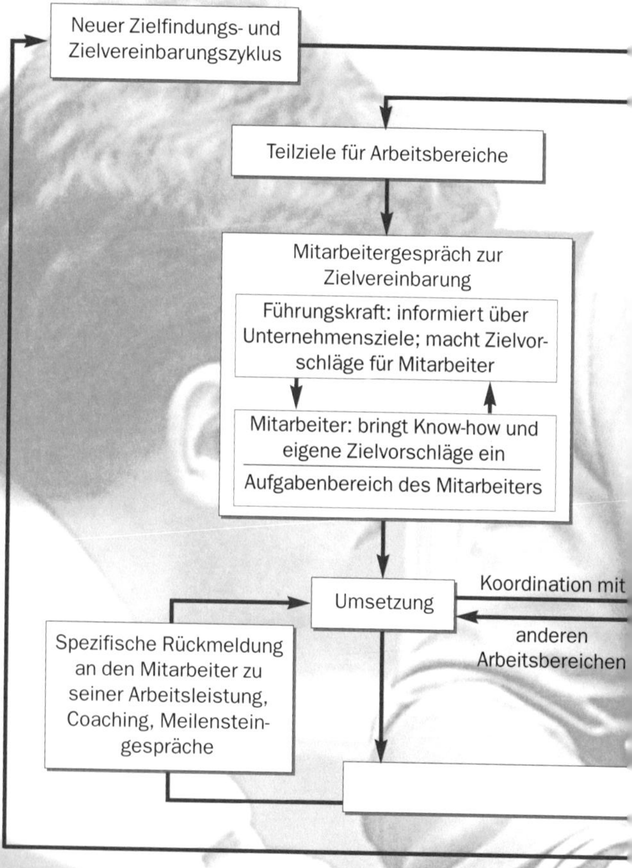

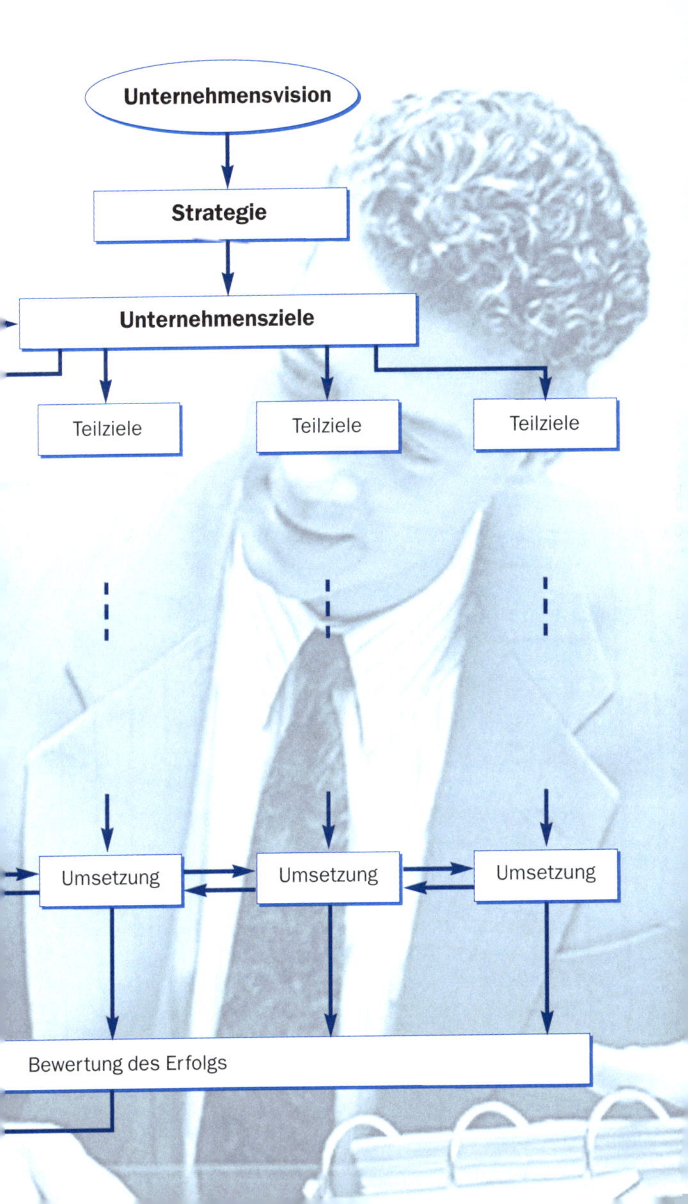
Unternehmensvision
Strategie
Unternehmensziele
Teilziele
Teilziele
Teilziele
Umsetzung
Umsetzung
Umsetzung
Bewertung des Erfolgs

Mitarbeiter brauchen eine klare Orientierung hinsichtlich der wesentlichen strategischen Herausforderungen des Unternehmens.

Kaskadenartig werden diese existenziellen Informationen weitergegeben. Welche Konsequenzen ergeben sich aus der Unternehmensstrategie? In welche für den jeweiligen Arbeitsbereich relevanten Teilziele lassen sich die Unternehmensziele herunterbrechen?
Hierüber informiert der Leiter eines Arbeitsbereichs/einer Business Unit die Führungskräfte; diese differenzieren die Fakten und Zielsetzungen für ihren Verantwortungsbereich weiter aus und geben die Informationen an ihre Mitarbeiter weiter.
Plattform für diesen Kommunikationsprozess ist das Gespräch mit dem Mitarbeiter: In dem – in den meisten Organisationen einmal pro Jahr stattfindenden – Mitarbeitergespräch zur Zielvereinbarung werden die Unternehmensziele und die sich hieraus ergebenden Teilziele des Arbeitsbereichs mit dem Aufgaben- und Verantwortungsbereich des Mitarbeiters abgeglichen.

Im partnerschaftlichen Dialog definieren Führungskraft und Mitarbeiter gemeinsam den Beitrag des Mitarbeiters zum Erreichen der Gesamtzielsetzung; Zielvorschläge des Mitarbeiters werden in den Prozess der Zielvereinbarung mit integriert.

In der Umsetzungsphase erhält der Mitarbeiter immer wieder Feedback zu seiner Arbeitsleistung; für die Zielerreichung relevante Informationen aus dem Unternehmen und dem Unternehmensumfeld werden laufend weitergegeben. Darüber hinaus unterstützt die Führungskraft den Mitarbeiter durch Coaching auf dem Weg zur Erreichung seiner Ziele.
Speziell gefördert wird der Feedback-Prozess durch Meilensteingespräche – in der Regel werden diese nach einem halben Jahr angesetzt. Führungskraft und Mitarbeiter fügen die strategische und die operative Perspektive erneut zu einem Gesamt-

bild zusammen; Arbeitsfortschritte werden bewertet und neue Vereinbarungen getroffen, wo veränderte Rahmenbedingungen dies notwendig machen.
Weiterhin werden in der Umsetzungsphase die Aktivitäten der einzelnen Arbeitsbereiche und Teams laufend aufeinander abgestimmt und sinnvoll koordiniert, damit Doppelarbeiten und Überschneidungen der Verantwortungsbereiche vermieden werden.

1.5 Ziele und Erfolgsmessung im Unternehmen – Balanced Scorecard

Wie erfolgreich das Instrument „Führen mit Zielvereinbarungen" in der Organisation umgesetzt wird, hängt entscheidend von der strategischen Zielperspektive ab, die den Beteiligten im Top-down-Verfahren als Grundlage der Zielvereinbarungen angeboten wird (s.o.).
Ein umfassender und nachhaltiger Prozess der Unternehmensentwicklung verlangt aufeinander abgestimmte Zielsetzungen, die die verschiedenen relevanten Felder, auf denen Leistungsfortschritte zu einem Vorsprung gegenüber dem Wettbewerb führen, abdecken und mit operationalisierten Bewertungsmöglichkeiten versehen.
Die Balanced Scorecard – zu deutsch: der „ausgewogene Berichtsbogen" – dient als ein umfassender Bewertungsrahmen, mit dessen Hilfe Unternehmensvision und -strategie mehrdimensional in aufeinander abgestimmte konkrete Leistungsmaßstäbe übersetzt werden können.
Das Konzept wurde zu Beginn der Neunzigerjahre von dem Harvard-Professor Robert S. Kaplan und von David R. Norton vom Forschungsinstitut der KPMG entwickelt. Im deutschen Sprachraum wurde die Balanced Scorecard durch eine Buchpublikation (s. Kaplan/Norton 1997) breiter bekannt.
Die Balanced Scorecard definiert vier Perspektiven, die für die ausgewogene Weiterentwicklung eines Unternehmens relevant sind:

Perspektiven der Balanced Scorecard

Finanzperspektive

- Wie stellt sich die gegenwärtige wirtschaftliche Situation unseres Unternehmens dar?
- Wie definieren wir wirtschaftlichen Erfolg?
- Welche Firmenziele streben wir an?

Interne Prozessperspektive

- Wie gut sind unsere internen Prozesse, gemessen an den Erwartungen unserer Kunden und der Prozessteilhaber?
- Mit welchen Kenngrößen können wir die Qualität der Prozesse messen und verstehen?
- Welche erfolgskritischen Prozesse wollen wir in welchem Maße verbessern?

Unternehmens-strategie

Kundenperspektive

- Wie bewerten Kunden unsere Produkte und Dienstleistungen?
- Wie definieren wir Erfolg am Markt und beim Kunden?
- Zu welchen Markt- und Kundenbedingungen wollen wir welche Leistungsziele erreichen?

Lern- und Entwicklungsperspektive

- Wie qualifiziert und motoviert sind unsere Mitarbeiter/wie gut sind unsere Informationssysteme?
- Mit welchen Kenngrößen können wir das Qualifikations- und Motivationsniveau messen und verstehen?
- Welche Entwicklungspotenziale müssen wir fördern, um zukünftigen Anforderungen gerecht zu werden?

- die Finanzperspektive,
- die Kundenperspektive,
- die interne Prozessperspektive und
- die Lern- und Entwicklungsperspektive.

Die Finanzperspektive gibt einen Überblick über die derzeitige wirtschaftliche Situation des Unternehmens. Zu welchen Ergebnissen haben die bisherigen Aktionen des Unternehmens geführt? Kenngrößen wie die Rentabilität, die Umsatzentwicklung, der Cash Flow u.a. vermitteln hierüber ein genaues Bild.

Die Kundenperspektive gibt dem Unternehmen Anhaltspunkte, wie erfolgreich es sich mit seinen Produkten und Dienstleistungen am Markt behauptet. Kenngrößen sind die Kundenzufriedenheit und -treue, die Kundenrentabilität, aber auch wichtige Leistungsmerkmale wie Reaktionszeiten auf Anfragen und Pünktlichkeit von Lieferungen.

Die interne Prozessperspektive untersucht die Effizienz der erfolgskritischen Geschäftsprozesse, die zu Kundenzufriedenheit und Rentabilität führen. Hierbei werden sowohl kurzfristige als auch langfristige Prozesse berücksichtigt (zum Beispiel kurzfristig: Produktionsprozess; langfristig: Innovationsprozess). Als Kenngrößen fungieren etwa Zykluszeiten oder die Produktivität.

Die Lern- und Entwicklungsperspektive soll die Organisation darin unterstützen, die notwendigen Ressourcen für den künftigen Erfolg zu bewerten und aufzubauen. Hier sind die Menschen mit ihren Kompetenzen und Potenzialen der wichtigste Faktor, aber auch Systeme fallen in diese Kategorie. Kenngrößen sind hier u.a. die Mitarbeiterzufriedenheit, Qualifikation/Weiterbildung und Informationssysteme.

> Der Rahmen der Balanced Scorecard bietet eine gute Möglichkeit, wesentliche Ziele des Unternehmens umfassend und ausgewogen zu definieren und mit entsprechenden Kenngrößen zu versehen.

Hierzu einige Beispiele aus den vier Unternehmensperspektiven.

So werden aus Visionen konkret messbare Ziele

Nur bei präzise definierten Zielen lässt sich später der Erfolg genau bewerten

Finanzperspektive des Unternehmens

Zielbereiche	Messgrößen
Gesamtergebnis	Kapitalrendite Deckungsbeitrag Cash Flow
Ertragswachstum	Umsatz-/Ertragswachstum pro Segment Anteil der Erträge mit neuen Produkten oder Dienstleistungen
Kostensenkung	Kostensenkungssätze pro Kostenart
Verbesserung der Produktivität	Ertrag pro Mitarbeiter Kosten pro Output-Einheit
Nutzung von Vermögenswerten	Investition in % des Umsatzes Aufwand für F&E in % des Umsatzes Auslastungsgrad von Anlagen Amortisation Eingang von Forderungen bezogen auf das Zahlungsziel

Kundenperspektive des Unternehmens

Zielbereiche	Messgrößen
Marktanteil	Anteil am gesamten Geschäftsvolumen in einem Marktsegment
Kundentreue	Anteil des Umsatzes mit bestehenden Kunden
Neukunden-gewinnung	Anteil des Umsatzes mit neu gewonnenen Kunden Anzahl neu akquirierter Kunden
Kundenzufriedenheit	Befragung anhand spezifischer Leistungsaspekte
Kundenrentabilität	Nettogewinn pro Kunde
Kundenbeziehungen	Reaktionszeiten bei Anfragen/bis zur Erfüllung des Kundenwunsches Bewertung durch Testkäufer
Image	Befragungen

Folgende Messgrößen aus den Zielbereichen der Unternehmensperspektiven, die die Balanced Scorecard bewertet, machen Unternehmensziele konkret messbar.

Interne Prozessperspektive des Unternehmens

Zielbereiche	Messgrößen
Innovationsprozess	Anteil des Umsatzes aus neuen Produkten Zeit bis zur Markteinführung (Time-to-Market) Zeit vom Beginn der Entwicklung bis zum Erreichen der Gewinnschwelle (Breakeven-Time) Einführung neuer Produkte im Vergleich zum Wettbewerb
Betriebsprozess	Dauer des Zyklus, z.B. von der Auftragsannahme bis zur Auslieferung Effektivität des Fertigungszyklus Fehlerquoten Materialabfall Nacharbeit

Entwicklungsperspektive des Unternehmens

Zielbereiche	Messgrößen
Mitarbeiterzufriedenheit	Mitarbeiterbefragung
Mitarbeitertreue	Fluktuationsquote
Mitarbeiter-poduktivität	Ertrag pro Mitarbeiter
Qualifikation/Weiterbildung	Verhältnis von Mitarbeitern mit benötigten Kompetenzen zum Bedarf Zeit von der Erhebung des Qualifikationsbedarfs bis zum Aufbau der jeweiligen Kompetenz
Engagement und Beteiligung der Mitarbeiter	Anzahl der Verbesserungsvorschläge von Mitarbeitern Anzahl realisierter Verbesserungen Anteil der Projektarbeit im Unternehmen
Informations-Systeme	Verfügbarkeit relevanter Informationen

Die Messgrößen, die bei der zuletzt genannten Lern- und Entwicklungsperspektive angeführt wurden, zeigen freilich, dass sich die im Unternehmen in erheblichem Ausmaß wirkenden so genannten „weichen" Faktoren nur unvollständig als operationalisierte Erfolgsindikatoren abbilden lassen.
Für die Weiterentwicklung der Organisation wichtige soziale Kompetenzen wie Team- oder Führungsfähigkeiten der Mitarbeiter können eben nicht in Definitionen wie „Anteil der in Teams abgewickelten Prozesse" oder „Anzahl der mit Erfolg besuchten Führungsseminare" oder auch in der isoliert betrachteten Fluktuationsrate der Mitarbeiter eingefangen werden. Jedoch ist für Personalverantwortliche, die die Entwicklung der Human Resources in der Organisation sicherlich entscheidend prägen, ein unzulängliches Kenngrößensystem immer noch wertvoller als der gänzliche Verzicht auf ein solches.

Die hohe Bedeutung der Balanced Scorecard für die Umsetzung des Führens mit Zielen liegt darin, die Qualität der Zielinhalte zu betonen, anstatt sich allein auf das methodische „Wie" des Zielvereinbarungsprozesses zu konzentrieren.

Die Balanced Scorecard bildet ein wichtiges Bindeglied zwischen der strategischen Ausrichtung des Unternehmens und den konkreten Zielen innerhalb der Organisation, die sich auf die Bereichs-, Abteilungs- und schließlich auf die individuelle Mitarbeiterebene übersetzen lassen. Je nach Arbeitsbereich und Mitarbeiterverantwortung werden jeweils verschiedene der in der Balanced Scorecard angebotenen Perspektiven besonders genutzt.
So haben Ziele, die aus der Lern- und Entwicklungsperspektive abgeleitet sind, für Verantwortliche aus den Bereichen Personal und Personalentwicklung in aller Regel eine besondere Bedeutung. Für Führungskräfte und Mitarbeiter in den Bereichen Vertrieb und Service haben andererseits Ziele, die die Kundenperspektive betreffen, die höchste Priorität.

1.6 Zielvereinbarungen und variable Vergütung

Eine der zentralen Fragen bei der Einführung von Zielvereinbarungen in Organisationen ist diejenige, ob das Erreichen bzw. Nicht-Erreichen von Zielen direkte Auswirkungen auf die Höhe des Einkommens haben soll.
Sobald in der Beratung von Organisationen, die Eckpunkte der spezifischen Ausgestaltung ihres Zielvereinbarungssystems festlegen möchten, diese Frage erscheint, treten mögliche positive und kritische Konsequenzen zielbezogener Vergütungsanteile allen Beteiligten sofort plastisch vor Augen.

> Die unmittelbare Ankopplung der Zielerreichung an Entlohnungsbestandteile löst eine nicht hintergehbare Verbindlichkeit des Zielvereinbarungsgesprächs aus

So entsteht auf der einen Seite die Chance der Belohnung besonderer Leistungen, auf der anderen Seite – je nach System – aber auch das Risiko von Einkommenseinbußen bei Ausbleiben des Erfolgs.
Darüber hinaus erfordern variable Vergütungsbestandteile ein bis in die Details durchdachtes, im Sinne maximaler „Gerechtigkeit" ausgewogenes Zielvereinbarungskonzept und – dieser Punkt kann kaum überschätzt werden – eine hohe Kompetenz insbesondere der Führungskräfte bei der Formulierung operationalisierter, überprüfbarer Ziele, um Konflikte bei der Bewertung von Zielerreichungsgraden weitestgehend zu vermeiden.
Die Kriterien der Erfolgsbewertung müssen transparent sein. Darüber hinaus erfordert die Kopplung von Vergütungsbestandteilen an in Zahlen messbare Kenngrößen wie z.B. Deckungsbeiträge ein stimmiges und akzeptiertes Berichtswesen – etwa hinsichtlich der Schlüsselungspraxis bei der Zuordnung von Overhead-Kosten.
Im Vorfeld der Implementierung von Zielvereinbarungen sollten Vor- und Nachteile der Ankopplung des Systems an variable Vergütungselemente sorgfältig abgewogen werden.

Vorteile variabler Vergütung	Nachteile variabler Vergütung
◆ Höhere Attraktivität für leistungsstarke Mitarbeiter	◆ Geringe Bereitschaft sicherheitsorientierter und leistungsschwacher Mitarbeiter, Einkommensrisiken bei Misserfolg zu akzeptieren
◆ Notwendigkeit größerer Klarheit bei der Erfolgsbewertung	◆ Schwierigkeit der gerechten und transparenten Erfolgsbewertung
◆ Erhöhter Anteil variabler Kosten – verminderter Anteil fixer Kosten	◆ Oftmals erhöhte Gesamtpersonalkosten
◆ Mehr Verbindlichkeit bei der Vereinbarung von Zielen und der Klärung von Verantwortlichkeiten	◆ Komplexere Gestaltung des Zielvereinbarungssystems, aufwändigere Abrechnung
◆ Verbesserte Transparenz bei Misserfolg – Anstoß zur Reflexion von Konsequenzen	◆ Gefahr, veränderte Rahmenbedingungen und Strategien nicht rasch genug in der Vergütungssystematik abzubilden
◆ Optimierung des Berichtswesens als Nebeneffekt	◆ Oftmals verstärkter Bereichsegoismus; Tendenz, das persönliche Interesse vor dem Gesamtinteresse rangieren zu lassen
◆ Anstoß zur Professionalisierung der Kommunikation	◆ Erhöhtes Konfliktpotenzial bei der Bewertung von Zielerreichungs-

	graden, insbesondere wenn Ziele unklar formuliert wurden
◆ Möglichkeit, die Verfolgung strategischer Unternehmensziele konsequenter zu forcieren	◆ Verlängerte Einführungsphase (z.B. durch Notwendigkeit von Vertragsumstellungen)

Vor- und Nachteile zielbezogener variabler Vergütung

In vielen Fällen führt die Einführung zielbezogener variabler Gehaltsbestandteile zu einer Erhöhung der Gesamt-Personalkosten. Dies ist jedoch unter der Voraussetzung akzeptabel, dass das Erreichen relevanter Ziele das Unternehmen strategisch und ergebnisbezogen real nach vorn bringt.

> Wenn es bei Zielvereinbarungen darum gehen soll, unternehmerisches Engagement und Eigenverantwortung zu stärken, ist es mehr als nahe liegend, Führungskräfte und Mitarbeiter an den Erfolgen der Unternehmung spürbar partizipieren zu lassen.

Um die Organisation und die Mitarbeiter nicht zu überfordern, hat es sich allerdings vielfach als sinnvoll erwiesen, das Zielvereinbarungssystem zuerst ohne finanzielle Konsequenzen zu praktizieren und die variable Vergütung erst in einem zweiten Schritt daran anzukoppeln; die entstandene Sicherheit im Umgang mit dem Instrument beugt Konflikten vor und erhöht die Akzeptanz leistungsabhängiger Gehaltsbestandteile.

Ein zielbezogenes variables Vergütungssystem sollte folgende Grundanforderungen erfüllen:

- Die vereinbarten Ziele müssen relevant sein, d.h. sie müssen im Zusammenhang mit der Unternehmensstrategie bzw. der Ergebnisplanung stehen.
- Die Ziele müssen messbar sein, damit die Resultate möglichst objektiv bewertet werden können.

- Die variablen Gehaltsbestandteile müssen eindeutig in Beziehung zur erbrachten Leistung stehen.
- Die Ziele sollten herausfordernd, aber erreichbar sein; der Grad der Schwierigkeit, Bonuszahlungen in bestimmter Höhe zu erhalten, sollte für die Mitarbeiter/Führungskräfte einer identischen Verantwortungsstufe vergleichbar sein.
- Es muss – bereits zu Beginn des Bewertungszeitraums – für jeden Beteiligten transparent geklärt sein, welche Faktoren in das Vergütungssystems einfließen und wie sich der Zielerreichungsgrad auf die Prämie auswirkt.
- Der leistungsabhängige Gehaltsbestandteil sollte einen angemessenen Anreiz zur Erreichung der Ziele darstellen; mit zunehmender Verantwortung sollte der Anteil des variablen Entgelts steigen.

Ausgestaltung des variablen Vergütungssystems

Von Organisation zu Organisation variieren die Systeme zur Festlegung der konkreten Höhe zielbezogener Gehaltsbestandteile je nach Intention, Unternehmenskultur und vertraglichen Rahmenbedingungen. Die hier vorgestellten Aspekte haben deshalb vor allem einen modellhaften Charakter.

Bei der Ausgestaltung eines zielbezogenen Entlohnungssystems sind vor allem zwei Gehaltskomponenten relevant:
- die fixe regelmäßige monatliche Vergütung und
- die leistungsbezogene variable jährliche Vergütung.

Weitere Gehaltskomponenten wie an das Unternehmensergebnis gekoppelte leistungsunabhängige Gewinnbeteiligungen oder langfristig motivierende Anreize wie Aktienoptionspläne sollten bei den Überlegungen zur Gestaltung der Gehaltssystematik mit einbezogen werden. Für die Konzeption einer zielbezogenen Entlohnung sind jedoch vor allem die Bestimmung des monatlichen Grundgehalts und der leistungsabhängigen jährlichen Vergütung wichtig.

Die fixe regelmäßige monatliche Vergütung

Entsprechend der Bedeutung der Funktion (strategische Wichtigkeit, Einordnung in eine Verantwortungsstufe/ein Gehaltsband) und abhängig von der individuellen Ausschöpfung der Möglichkeiten innerhalb der Funktion (Engagement, Kompetenzzuwachs) wird die fixe monatliche Vergütung des Funktionsinhabers definiert, auch Grundgehalt genannt.
Je nach Hierarchieebene beträgt das Grundgehalt bei Führungskräften in der Regel zwischen 60 und 80 Prozent der Gesamtvergütung. In den meisten Fällen dient es dazu, den Lebensstandard zu finanzieren, es hat deshalb für viele Führungskräfte eine große Bedeutung.

Die leistungsbezogene variable jährliche Vergütung

Diese Gehaltskomponente spielt bei der Einführung eines zielbezogenen Vergütungssystems die entscheidende Rolle. Sie kann nach folgendem Grundsatz sinnvoll bemessen werden:

> Je geringer das Grundgehalt definiert ist, desto größer sollte die Möglichkeit sein, bei guter Leistung überproportional am erzielten Erfolg zu partizipieren.

Bei der Einführung des variablen Gehaltsbestandteils gibt es grundsätzlich zwei Möglichkeiten:

1. Ein leistungsabhängiger Bonus wird On-Top, d.h. zusätzlich zu den bisher vereinbarten Bezügen gezahlt.
2. Ein Teil des bisherigen Festgehaltes wird variabilisiert – mit der Möglichkeit eines Zuwachses des Gesamtgehaltes.

Im ersten Falle führt die Gewährung des Bonus immer zu einer Erhöhung der Gesamtpersonalkosten. Aber auch im zweiten Falle muss die Erhöhung des Personalkostenbudgets einkalku-

liert werden, wenn – gemäß dem oben vorgeschlagenen Grundsatz – Mitarbeiter überproportional profitieren, wenn sie die Chance des Systems nutzen und die vereinbarten Ziele erreichen oder sogar übertreffen.
Der Relevanz der Ziele – bezogen auf den Unternehmenserfolg – kommt hier also eine besondere Bedeutung zu. Mit der Variabilisierung ehemals fest zugesagter Gehaltsbestandteile verbindet sich für den Mitarbeiter jedoch auch das Risiko, bei Misserfolg Einkommenseinbußen hinnehmen zu müssen.

> Im Sinne des unternehmerischen Kontextes und des Anspruchs von Zielvereinbarungen ist es sinnvoll, das Gehaltssystem so zu konzipieren, dass die Chance eines Mehreinkommens vom Mitarbeiter als größer wahrgenommen wird als das Risiko eines Mindereinkommens.

Es gibt vielfältige Möglichkeiten zur Verknüpfung von Leistungs- und Ergebnisgrößen zur Bestimmung des zu zahlenden variablen Gehaltsbestandteils.

Im folgenden Beispiel ergibt sich die erreichte Prämie aus dem Zusammenspiel von

- Zielbonus,
- Unternehmensergebnis und
- persönlichem Zielerreichungsgrad.

Angenommen wird folgende Situation: Ein leitender Angestellter verfügt über ein jährliches Festgehalt von 80.000 Euro. Im vergangenen Jahr erhielt er bei guter Leistung und gutem Geschäftsverlauf zusätzlich eine freiwillige Bonuszahlung des Unternehmens in Höhe von 20.000 Euro.

- Dieser zusätzliche Bonus wird im neuen System als Zielbonus bezeichnet.
  So soll der Mitarbeiter auch im Rahmen der neuen Regelung 100.000 Euro pro Jahr an erhalten, wenn er gute Arbeit leistet, d.h. seine Ziele erreicht, und wenn die Ertragslage

des Unternehmens ebenfalls den Erwartungen entspricht. In diesen Zielbonus fließen anteilig die Bewertung des Unternehmensergebnisses und des persönlichen Zielerreichungsgrades ein.

- Die Bewertung des Unternehmensergebnisses macht 25 Prozent des Zielbonus aus; die Richtsumme beträgt also 5.000 Euro. Dieser Prämienanteil soll den Mitarbeiter dazu motivieren, sich nicht nur für die persönlichen Ziele bzw. die Ziele des eigenen Bereichs einzusetzen, sondern das Wohl des gesamten Unternehmens im Auge zu behalten. Je nach Geschäftsverlauf schwankt die Höhe der Auszahlung zwischen 0 Prozent und 200 Prozent der Richtsumme: Bleibt das Unternehmensergebnis weit hinter den Erwartungen zurück, entfällt dieser Prämienanteil. Entspricht der Geschäftsverlauf den Erwartungen, wird die Richtprämie zu 100 Prozent ausgezahlt. Bei einem weit über den Erwartungen liegenden Geschäftsverlauf werden maximal 200 Prozent der Richtprämie, also 10.000 Euro ausgezahlt.

- Der persönliche Zielerreichungsgrad fließt zu 75 Prozent in den Zielbonus ein; die Richtsumme beträgt dementsprechend 15.000 Euro. Je nach individuellem Zielerreichungsgrad werden zwischen 0 Prozent und 250 Prozent der Richtsumme ausgezahlt: Werden die Ziele verfehlt, entfällt dieser Prämienanteil. Werden die vereinbarten Ziele zu 100 Prozent erreicht, gelangen 15.000 Euro zur Auszahlung. Bei deutlich übertroffenen Zielen werden maximal 250 Prozent der Richtsumme, also 37.500 Euro ausgezahlt.

Folgende Abbildung zeigt, wie sich Chancen und Risiken dieses Vergütungsmodells verteilen: Auf Basis eines Gesamteinkommens von im Normalfall 100.000 Euro steht dem maximalen Risiko des Verlusts von 20.000 Euro die maximale Chance gegenüber, die jährliche Vergütung um 27.500 Euro zu steigern.

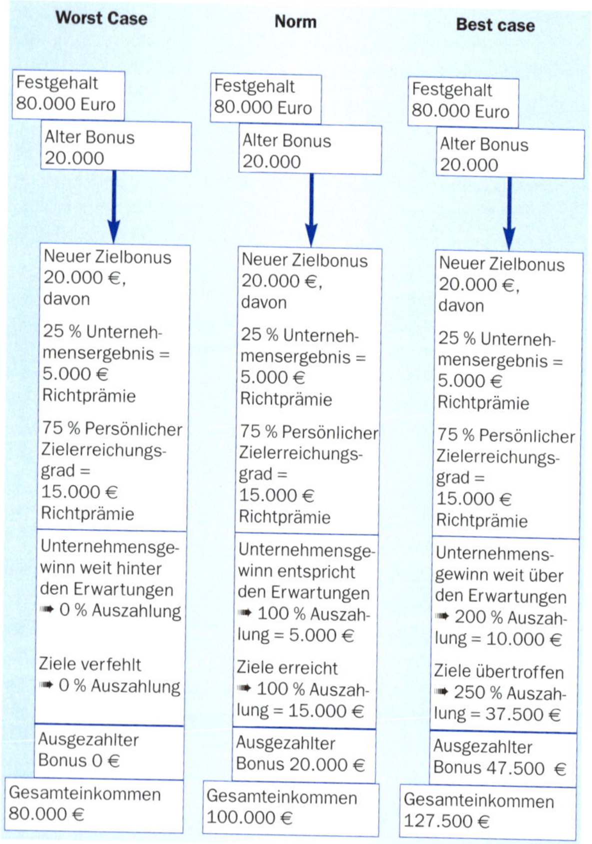

Beispiel der Auswirkungen eines variablen Vergütungsmodells bei verschiedenen Geschäftsverläufen und verschiedenen Zielerreichungsgraden

Bei der praktischen Umsetzung eines solchen Modells ist es von essenzieller Bedeutung, die Messgrößen für Unterneh-

mensergebnis-Werte und Zielerreichungsgrade präzise zu definieren.
Anhand dieser vor der Einführung des neuen Vergütungsmodells transparent definierten Werte muss sich einerseits ablesen lassen, ab wann konkret die Ziele „deutlich übertroffen" wurden und die Prämie von 250 Prozent der Richtsumme für den Zielerreichungsgrad ausgezahlt wird und ab wann andererseits der Geschäftsverlauf als „weit überdurchschnittlich" gelten kann, damit 200 Prozent des auf das Unternehmensergebnis entfallenden Anteils des Zielbonus zur Auszahlung kommen. Eine entsprechende Operationalisierung verlangen auch die Zwischenstufen in der Bewertungsspanne zwischen dem minimalen und dem maximalen Wert sowohl bei der Skala „Unternehmensergebnis" als auch bei der Skala „Zielerreichungsgrad".

1.7 Schritte zur Einführung von Zielvereinbarungen

Durch die Einführung von Zielvereinbarungen ändert sich die Führungskultur in der Organisation oft erheblich. Die Festlegung überprüfbarer Messgrößen für den erzielten Erfolg hebt die Verbindlichkeit der Kommunikation zwischen Vorgesetztem und Mitarbeiter oft auf ein neues Niveau: Zielvereinbarungen führen konsequenterweise vielfach zu einer Umstellung des Beurteilungssystems von einer aufgaben- und verhaltensbezogenen Leistungsbewertung zu einem zielbezogenen Verfahren, und nicht zuletzt ergeben sich mit der Einführung leistungsbezogener variabler Gehaltsbestandteile für die Betroffenen reale materielle Konsequenzen.
Für viele Organisationen bedeutet die Einführung von Zielvereinbarungen geradezu einen Paradigmenwechsel: Die Ablösung einer durch Goodwill bzw. Autorität und den berühmten „Nasenfaktor" geprägten Kultur hin zu einem durch Partizipation und Transparenz gekennzeichneten Managementstil – bei Erfolg werden Belohnungen in gewissem Sinne nun auch einklagbar.

Das hier Gesagte gilt selbstverständlich nur dann, wenn die Organisation mit der Einführung von Zielvereinbarungen nicht nur einem Trend folgen möchte, sondern sie die in den obigen Kapiteln beschriebenen Vorteile des Führens mit Zielvereinbarungen ernsthaft nutzen möchte. Dies erkennt man mittelfristig unter anderem daran, ob Mitarbeiter nachvollziehbar und spürbar materiell an der Zielerreichung partizipieren und ob hergebrachte Führungs- und Beurteilungsroutinen durch zielbezogene Verfahren ersetzt werden.

Die Einführung von Zielvereinbarungen ist für die Organisation ein wichtiger „Lernschritt"; damit dieser erfolgreich und nachhaltig vollzogen werden kann, bedarf es vor allem viererlei:

- einer starken und widerstandsfähigen Entscheidung durch ein Top-Management, das bereit ist, selbst eine Vorbildfunktion zu übernehmen,
- eines organisationsangepassten und in sich stimmigen Konzepts der Ziel- und gegebenenfalls der Gehaltssystematik sowie der Gesprächsführung,
- umfassender Kommunikationsaktivitäten, um die Akzeptanz des neuen Führungsinstruments zu fördern und die Bereitschaft zu unter Umständen notwendigen Einstellungsänderungen zu begünstigen und schließlich
- hinreichender Trainings- und Reflexionsangebote, um die für das Führen mit Zielvereinbarungen notwendigen Kompetenzen aufzubauen und zu festigen.

Bei der Implementierung empfiehlt sich unbedingt eine Top-down-Vorgehensweise: Nach der Weichenstellung durch die Leitungsebene werden die nachgelagerten Hierarchieebenen sukzessive in den Prozess der Einführung mit einbezogen.
Die im Folgenden checklistenartig zusammengestellten Vorgehensschritte berücksichtigen den wichtigen Grundsatz der Organisationsentwicklung:

Betroffene zu Beteiligten machen.

1. Treffen der grundlegenden Entscheidungen durch die Geschäftsleitung

- Entscheidung darüber, wie das Instrument mit der strategischen Unternehmensplanung zusammenhängen soll;
- Entscheidung über die terminlichen Eckwerte des Projekts (z.B. Start des Verfahrens, Zeitpunkt der Zielvereinbarungsgespräche);
- Entscheidung über die Kopplung des Instruments an die Ausschüttung variabler Gehaltsbestandteile;
- Entscheidung darüber, ob Zielvereinbarungen ergänzend zu bisherigen Führungsinstrumenten (z.B. bestehendes Beurteilungssystem, regelmäßige Mitarbeitergespräche) eingeführt werden sollen oder ob sie den Rahmen für die Neubearbeitung der bisherigen Instrumentarien bilden sollen;
- Entscheidung, ob das Projekt ausschließlich mit unternehmensinternen Ressourcen realisiert wird oder ob zusätzlich eine externe Beratung mit der Projektbegleitung betraut wird.

2. Entwicklung des Konzepts durch eine Projektgruppe (Heterogener Teilnehmerkreis, um Organisationsbezug und Praxisrelevanz zu sichern: z.B. Führungskräfte aus verschiedenen Hierarchieebenen, Mitarbeiter aus der Personalabteilung und dem Controlling, Arbeitnehmervertreter, ggf. externe Berater);

- Auftragsklärung mit der Geschäftsleitung, Sicherstellen eines umfassenden Briefings;
- Bestandsaufnahme: Bisherige Verfahren, Vereinbarungen und bestehende Regelungen, vertragliche Rahmenbedingungen, Mitarbeiterinformationen;
- kritische Sichtung von Vorlagen und Anregungen (Literatur, Instrumentarien anderer Organisationen) und Abgleich mit den Bedarfen der eigenen Organisation;
- Erstellung der Zielsystematik (relevante Zielbereiche, Messgrößen);

- Anfertigung der Beurteilungsskala;
- Gegebenenfalls Ausgestaltung der Systematik zur variablen Vergütung;
- Erstellung der Gesprächsbögen und -leitfäden;
- Klärung, wer die Gesprächsdokumentationen in welcher Weise ablegen soll;
- Erstellung eines „Manuals" zur Benutzung des Materials;
- Erstellung von Informationsmaterial für die Mitarbeiterschaft (z.B. Präsentationen, Broschüren, Informationen für das Intranet, Artikel für die Mitarbeiterzeitschrift);
- Vorbereitung von Informations- und Kommunikationsveranstaltungen für Führungskräfte und Mitarbeiter (z.B. eintägiger Kick-Off-Workshop und Infomarkt mit der gesamten Belegschaft);
- Konzeption der Trainingsmaßnahmen bzw. Definition des Auftrages an ein externes Trainingsinstitut;
- Abstimmung der o.g. Ausarbeitungen mit der Geschäftsleitung.

3. Planung und Durchführung von Informations- und Kommunikationsveranstaltungen sowie Trainings zur Vorbereitung auf die Zielvereinbarungsgespräche

- Mögliche Themen der Informations- und Kommunikationsveranstaltungen:
  - Vermitteln der Grundideen von „Führen mit Zielvereinbarungen" (siehe oben Kap. 1.3),
  - Detaillierte Informationen über das ausgearbeitete Instrumentarium,
  - Klärung offener Fragen; Diskussion von Anregungen und Vorbehalten.
- Inhalte der Trainings:
  - Handhabung des Instruments (Formulieren relevanter überprüfbarer Ziele in den verschiedenen Zielbereichen (siehe unten Teil 2), Bewertung von Zielerreichungsgraden, gegebenenfalls mit Übersetzung in Bonuszahlungen),

– Training der notwendigen kommunikativen Kompetenzen (siehe unten Teil 3) mit Feedback.

- Angebot für Leistungsträger, Coaching in Anspruch zu nehmen bei der Festlegung relevanter Zielbereiche und bei der Umsetzung von Zielvereinbarungen im Dialog mit „schwierigen“ Mitarbeitern.

4. Organisation der Gesprächsdurchführung und der Abrechnung von Zielboni

- Festlegung der konkreten Zeiträume für die Zielvereinbarungsgespräche und für die Berechnung der Bonuszahlungen;
- Initiierung der Terminvereinbarungen durch die Personalabteilung; Sicherstellung, dass alle Gespräche innerhalb des Zeitkorridors geführt werden;
- Klärung der internen Kommunikationswege bezüglich der Vergütung (Linienmanagement – Controlling – Gehaltsbuchhaltung).

5. Erster Gesprächszyklus

- Gegebenenfalls Vorschaltung einer Pilotphase in ausgewählten Arbeitsbereichen;
- Start der Zielvereinbarungsgespräche auf der höchsten Führungsebene (z.B. Geschäftsführer – Bereichsleiter = erste Gesprächsrunde);
- Anschließend Führen der Zielvereinbarungsgespräche auf den nächsten Hierarchieebenen (z.B. Bereichsleiter – Abteilungsleiter = zweite Gesprächsrunde …).

6. Auswertung des ersten Zielvereinbarungs-Zyklus und Verfeinerung des Instruments (z.B. durch Fragebögen, Gruppeninterviews, moderierte Workshops)

- Evaluationsgesichtspunkte:
  – Einschätzung der Qualität und Handhabbarkeit des Zielvereinbarungssystems (Zielbereiche, Messgrößen, Gesprächsbögen),

- Einschätzung der Qualität der Gespräche, insbesondere hinsichtlich der angestrebten Partnerschaftlichkeit bei der Vereinbarung der Ziele,
- Zufriedenheit mit den vereinbarten Zielen (Relevanz, Machbarkeit, Überprüfbarkeit),
- Zufriedenheit mit der Bewertung der Zielerreichungsgrade nach Ablauf der ersten Vereinbarungsperiode,
- Beurteilung der geleisteten Bonuszahlungen im Abgleich mit den erreichten Fortschritten der Organisation hinsichtlich der strategisch wichtigen Zielbereiche,
- Reaktionsfähigkeit der Organisation bei zielwirksamen Veränderungen im Organisationsumfeld – Flexibilität.

◆ Anschließend Verfeinerung des Instrumentariums auf der Basis der gewonnenen Informationen.

Stolpersteine bei der Einführung von Zielvereinbarungen

Zielvereinbarungen kann man nicht „nebenbei" in der Organisation einführen, auch nicht schleichend. Viele Entscheidungen müssen getroffen werden; sie ändern die Unternehmenskultur mit dem Zeitpunkt des Inkrafttretens. Zeit und Energie müssen investiert, Führungskräfte und Mitarbeiter ins Boot geholt werden – ein komplexer Prozess mit Risiken und Nebenwirkungen. Es muss mit Widerständen gerechnet werden: mit der Macht der Gewohnheit, mit der Furcht vor Misserfolg, mancherorts mit dem Unwillen, die eigene Arbeitspraxis durch Ziele transparent werden zu lassen.

Wird das Gesamtprojekt zu leicht genommen – manchmal zu leichtfertig an eine Projektgruppe delegiert, ohne die Implikationen hinreichend zu bedenken –, ist ein Scheitern geradezu vorprogrammiert. Hoffnungsvoll konstruierte Zielsysteme, mit liebevollem Layout gestaltete Broschüren landen in den Schubladen der Führungskräfte und bestätigen, was jeder schon immer wusste: Zielvereinbarungen bringen nichts, sind nur einer von vielen nutzlosen Modetrends im Management.

Ein Projekt zur Einführung von Zielvereinbarungen muss umfassend betreut werden, orientiert an Strategien, Strukturen, Prozessen und nicht zuletzt an den Menschen in der Organisation.

Die hier vorgestellte Zusammenstellung von sechs typischen Stolpersteinen soll helfen, kritische Entwicklungen frühzeitig wahrzunehmen und zu korrigieren bzw. im Kreis der Mitgestalter eines Zielvereinbarungssystems zu reflektieren im Hinblick auf den möglichen Erfolg des Gesamtprojekts.

1. Es gibt keine veröffentlichte Unternehmensvision und keine Unternehmensziele.
   Folglich können Ziele für die Mitarbeiter nicht sinnvoll abgeleitet werden. Man behilft sich auf den unteren Hierarchieebenen, indem man Annahmen über mögliche Unternehmensziele trifft, die jedoch nur zu leicht nicht zutreffen. Oder es werden nicht relevante Ersatzziele vereinbart, die das Unternehmen nicht nach vorn bringen.

2. Es fehlt die Bereitschaft, die Auswirkungen von Zielvereinbarungen auf andere bestehende Führungsinstrumente im Konzeptions- und Implementierungsprozess zu berücksichtigen.
   Neben der Beurteilung von Zielerreichungsgraden werden ohne Abgleich mit dem neuen Instrument z.B. merkmalsbezogene Beurteilungssysteme alten Stils weiterhin in regelmäßigen Mitarbeitergesprächen praktisch umgesetzt. Führungskräfte und Mitarbeiter erleben den Gesprächsaufwand in der Summe nunmehr als zu hoch, die Instrumentarien als redundant oder einander widersprechend.

3. Es wird nicht sichergestellt, dass die Zielvereinbarungsgespräche durchgängig in der Organisation geführt werden.
   Das Instrument wird nicht laufend „gepflegt". Mitarbeiter und Führungskräfte, die nach der Einführungsphase in das

Unternehmen eintreten, werden nicht genügend auf das Führen von Zielvereinbarungsgesprächen vorbereitet. Führungskräfte erfahren, dass das Nicht-Führen der Zielvereinbarungsgespräche ohne Konsequenzen bleibt. Bereits im zweiten Jahr nimmt der Umsetzungsgrad in der Organisation signifikant ab; bald gerät das neue Führungsinstrument in Vergessenheit.

4. Der sachgerechte Umgang mit Zielvereinbarungen wird nicht hinreichend trainiert.
   Es fehlt bei den Beteiligten an der notwendigen Gesprächskompetenz. Ziele werden nicht in messbarer Form formuliert. Dies führt nach einem Jahr zu Konflikten in der Bewertungsphase. Es werden zu viele und/oder nebensächliche Ziele vereinbart, anstatt sich auf für die Organisation wichtige Prioritäten zu konzentrieren. Ziele werden nicht partnerschaftlich vereinbart, sondern es wird autoritär mit Zielvorgaben operiert, was zur Demotivation der Mitarbeiter führt. Unterjährig bleiben Feedbackprozesse (z.B. Meilensteingespräche) aus, sodass Probleme bei der Zielerreichung und aktuelle Entwicklungen nicht ausreichend bearbeitet werden.

5. Es fehlt an einer monetären Anreizsystematik.
   Boni werden nicht oder nur willkürlich ausgezahlt. Es entsteht ein Missverhältnis zwischen der verbindlichen, durch Zielvereinbarungen oft gesteigerten Leistungserwartung an die Mitarbeiter und der Bereitschaft des Unternehmens, erzielte Erfolge auch gerecht zu belohnen. Der Wille, die vereinbarten Ziele konsequent zu verfolgen, nimmt ab.

6. Führen durch Zielvereinbarungen wird vor allem als Kontrollinstrument und als Ausdruck einer Misstrauenskultur eingesetzt – und auch so empfunden.
   Anzeichen hierfür können fehlende Informations- und Diskussionsmöglichkeiten für die Mitarbeiter im Vorfeld der

Einführung sein wie auch ein Zielvereinbarungssystem, das zu wenig auf Partnerschaftlichkeit und die Qualität des Führungsprozesses abzielt. Zielabsprachen oder gar -vorgaben werden vor allem eingesetzt, um Berichtswege zu zementieren und die Aktivitäten der Mitarbeiter laufend überprüfbar zu machen. Diese fühlen sich in ihren Gestaltungsspielräumen beschnitten und bauen einen emotionalen Widerstand gegen das neue Management-Instrument auf.

Zwei wichtige Voraussetzungen für eine gelingende Einführung von Zielvereinbarungen im Unternehmen sind ein professionelles, auf die Belange der Organisation zugeschnittenes Instrumentarium und ein sorgfältig geplanter und begleiteter Implementierungsprozess.
Eine dritte unabdingbare Voraussetzung ist die Fähigkeit der Führungskräfte und der Mitarbeiter, in sachgerechten und vertrauensvollen Gesprächen Verständigung über erstrebenswerte Ziele zu erlangen und nach Ablauf der Arbeitsperiode das Erreichte gemeinsam fair und richtig zu bewerten.
Hierzu bedarf es zum einen der „handwerklichen" Sicherheit der Gesprächspartner im Umgang mit Zielen und zum anderen einer gut ausgebildeten kommunikativen Kompetenz (die sich natürlich nicht allein anlässlich der Einführung von Zielvereinbarungen entwickeln lässt).

Von dieser praktischen Seite des Zielvereinbarungsprozesses handeln die nächsten beiden Abschnitte, die sich mit der Formulierung von Zielen und der Gesprächsführung befassen.

Auf den Punkt gebracht:

So führt Ihre Organisation nachhaltig Zielvereinbarungen ein

Die Einführung von Zielvereinbarungen verändert Organisationsstruktur und Führungskultur grundlegend: Leistungserstellungsprozesse werden für alle Beteiligten transparent; die Belohnung für viele Erfolge wird in gewissem Sinne einklagbar.

Damit Zielvereinbarungen erfolgreich eingeführt werden können, müssen folgende Grundvoraussetzungen erfüllt sein:

- Wenn die Entscheidung für das Führen durch Zielvereinbarungen glaubhaft sein und nicht als Kontrollinstrument missverstanden werden soll, muss das Management sie mit allen Konsequenzen tragen und die relevanten damit zusammenhängenden Prozesse transparent machen.
- Die Mission und Vision des Unternehmens muss nachvollziehbar mit Leben gefüllt werden, indem in einem offenen Dialog leistbare, sachlich und/oder persönlich attraktive und motivierende Ziele zwischen Vorgesetzten und Mitarbeitern vereinbart werden.
- Das Erreichen von Zielen muss sich für den Mitarbeiter in einem ganz konkreten (nicht notwendig finanziellen) Nutzen auszahlen.
- Ziele dürfen kein Selbstzweck sein, sondern müssen so formuliert sein, dass klar daraus hervorgeht, welchen spezifischen Fortschritten der Organisation sie dienen.
- Die Messkriterien für den jeweiligen Grad der Zielerreichung müssen fest und einvernehmlich definiert sein; insbesondere dann, wenn von der Zielerreichung variable Vergütungsbestandteile abhängen.

2 Zielformulierung und Zielarten

Wer nicht weiß, wo er hin will, braucht sich nicht zu wundern, wenn er ganz woanders ankommt

Im ersten Abschnitt dieses Buches wurde schon herausgearbeitet, wie wichtig eine präzise Formulierung von Zielen und das Kriterium der „Messbarkeit" für den Erfolg von Zielvereinbarungen ist. Denn zuletzt geht es darum, das Unternehmen spürbar nach vorn zu bringen.

Fragen, die sich konkret stellen, sind:

„Was wollten wir erreichen?"

„Was haben wir getan, um es zu erreichen?"

„Haben wir das erreicht, was wir wollten?" Oder:

„Wie viel von dem, was wir wollten, haben wir erreicht?"

„Woran hat es gelegen, dass wir nicht alles erreicht haben, was wir erreichen wollten?"

„Was nehmen wir uns für das nächste Jahr vor?"

Ebenso einfach wie diese Fragen sollten auch die Antworten sein: verständlich, relevant, eindeutig.

Einer der Hauptproblempunkte bei Zielvereinbarungen ist die klare, nachvollziehbare Formulierung von Zielen. Oft werden Ziele sehr allgemein formuliert: *„Bauen Sie ihren kooperativen Führungsstil weiter aus!"* heißt es da etwa. Oder auch: *„Im nächsten Jahr sollten Sie sich mehr um die Kundenzufriedenheit kümmern!"*

Es ist leicht möglich, dass die Gesprächspartner bei derartigen Zielvorschlägen ein ganz unterschiedliches Verständnis vom angestrebten Zustand haben. „Harte" Ziele aus der Finanzperspektive des Unternehmens wie *„... den Umsatz des Produktes X um 15 Prozent erhöhen"* oder aus der Prozessperspektive wie *„... die Entwicklungszeit neuer Produkte um 30 Prozent ver-*

ringern" lassen sich viel leichter festschreiben und im Nachhinein überprüfen.
Aber gerade bei Zielen, die oft schwer zu greifende persönliche Weiterentwicklungen von Mitarbeitern betreffen und dem Bereich der so genannten „soft skills" angehören wie die „Führungskompetenz" oder die „kommunikative Kompetenz", kommt der präzisen Formulierung großes Gewicht zu, damit man nicht aneinander vorbeiredet. (Es wäre zu schade, auf die Vereinbarung von Zielen aus dem Bereich der Entwicklungsperspektive nur deswegen ganz zu verzichten, weil sie nicht so leicht zu formulieren sind.)
Was ist überhaupt mit einem kooperativen Führungsstil gemeint, und was soll nach Ablauf eines Jahres anders laufen als heute? Wenn die Gesprächspartner – etwa ein Abteilungs- und ein Teamleiter – sich dann wiedertreffen, um auszuwerten, ob und in welchem Maße die vereinbarten Ziele erreicht wurden, schauen sie ratlos auf den abstrakten Begriff „kooperativer Führungsstil", haben irgendwie auch das Gefühl, dass sich etwas getan hat, aber was eigentlich?

> Eines der wichtigsten Hilfsmittel zur sinnvollen Zielformulierung besteht darin sich zu fragen: *„Woran werden wir – z.B. in einem Jahr – konkret erkennen können, dass wir unser Ziel erreicht haben?"* Nehmen Sie die Antwort auf diese Frage in die Zielformulierung auf.

Ein konkretes Ziel in Sachen Mitarbeiterführung könnte zum Beispiel darin bestehen, dass alle Teammitglieder über alle wichtigen Vorgänge im Team informiert sind und dass sie im operativen Geschäft mehr Verantwortung übernehmen als bislang. Als erste Schritte in Richtung Zielerreichung könnten die Gesprächspartner festlegen, dass der Teamleiter einmal pro Woche eine Teamsitzung anberaumt, in der alle zentralen Themen des Teams auf der Tagesordnung erscheinen – mit rotierender Moderation. Weiterhin könnte abgesprochen werden, dass der Teamleiter bestimmte Sachbearbeitungsvorgänge, die er bislang noch selbst erledigt, delegiert und sich regelmäßig von seinen Mitarbeitern über die Arbeitsfortschritte berichten lässt, und schließlich könnte die Teilnahme an einem Training zum Thema „Die Führungskraft als Coach“ beschlossen werden. Nach Ablauf des Jahres wird sich dann besser feststellen lassen, ob die Mitarbeiter besser informiert sind, eigenständiger arbeiten und sich im Ergebnis „kooperativ“ von der Führungskraft in das Geschehen einbezogen fühlen.

2.1 Ziele „smart“ formulieren

Als Hilfe zur geeigneten Formulierung von Zielen hat sich die SMART-Regel bewährt, nach der Ziele verständlich und sinnvoll ausgestaltet sind, wenn sie folgende Kriterien erfüllen.

Spezifische Formulierung

Die Formulierung des Ziels muss konkret beschreiben, welches Ergebnis angestrebt wird. Was soll genau erreicht werden? Das Ziel muss verständlich formuliert sein. Interpretationsspielräume, die Konflikten in der Beurteilungsphase Vorschub leisten, sollte man ausschließen. Hierauf sollte man gerade – wie oben gezeigt – bei Zielen aus der Lern- und Entwicklungsperspektive achten.

Messbarkeit

Es muss angegeben werden, woran sich feststellen lässt, dass das Ziel erreicht wurde. Zudem ist es wichtig, auch die Fortschritte auf dem Weg zur Zielerreichung feststellen zu können. Nur wenn Schwierigkeiten, Hindernisse, störende Entwicklungen und ihre Auswirkungen auf die Zielverfolgung früh genug wahrgenommen werden, können Korrekturen rechtzeitig eingesteuert werden.
Es sollte auch ausdrücklich geklärt werden, auf welche Weise Rückmeldung über die erzielten Fortschritte gegeben wird. Die

Mitten ins Schwarze:

Die SMART-Formel für die Zielformulierung

S	**Spezifisch**	Genaue Beschreibung des erwünschten Zustandes Leichte, verständliche Formulierung
M	**Messbar**	Angabe von Kriterien, anhand derer sich der Erfolg überprüfen lässt (quantitativ: %, Stück, Euro, Zeiteinheiten etc.; qualitativ: z.B. ein Projekt erfolgreich zum Abschluss bringen)
A	**Aktiv beeinflussbar**	Ziel im Verantwortungsbereich des Mitarbeiters Keine elementare Abhängigkeit von externen, nicht gestaltbaren Fakten (A steht auch für „attraktiv“)
R	**Relevant**	Auf die Unternehmensziele bezogen Herausfordernd, aber erreichbar unter den gegebenen Umständen
T	**Terminiert**	Angabe des Termins, an dem das Ziel erreicht sein soll

Orientierung an messbaren Kriterien hilft, den Austausch in Meilensteingesprächen zu versachlichen. Erfolge können durch „Zählen und Wiegen“ ermittelt werden, angegeben in Prozent, Zeiteinheiten, Stückzahlen oder Geldbeträgen; es kann aber auch das Ja-/Nein-Kriterium des erfolgreichen Abschlusses eines Projekts oder der Vorlage eines zuvor spezifizierten Konzepts gewählt werden.

Aktive Beeinflussbarkeit

Der Mitarbeiter muss das Ziel aus eigener Initiative erreichen können. Oder es müssen durch „Ermächtigung“ und Bereitstellung von Ressourcen die Rahmenbedingungen geschaffen werden, die es dem Mitarbeiter ermöglichen, die zur Zielerreichung notwendigen Maßnahmen innerhalb seines eigenen Verantwortungsbereichs umzusetzen.
So erfordert das anspruchsvolle Ziel „Aufbau eines neuen Produktionsstandortes“ weitgehende Kompetenzen wie z.B. die Inanspruchnahme interner und externer Beratungs-, Konzeptions- und Projektmanagement-Leistungen, die (Mit-)Entscheidung bei zu tätigenden Investitionen (z.B. Gebäude, Maschinen) sowie bei Personaleinstellungen.

Relevanz

Das Ziel sollte sich aus den strategisch wichtigen Unternehmenszielen ableiten lassen, und es sollte eine hohe Bedeutung für den persönlichen Arbeitserfolg des Mitarbeiters haben. Für diesen sollte es einen Wert darstellen, dem Ziel nachzustreben. In einem Bewertungszeitraum von einem Jahr kann ein Mitarbeiter vielleicht ein bis drei, kaum jemals mehr als fünf Prioritäten wirklich verfolgen. Diese sollten sorgfältig gewählt werden. Zwei Fragen sollte man sich bei der Zielwahl und -formulierung stellen:

1. Bringt die Erreichung des Ziels das Unternehmen einen spürbaren Schritt nach vorn?

2. Gehört es zu den Kernaufgaben des Mitarbeiters, in diesem Zielbereich aktiv zu werden?

Ergänzend hilft eine dritte Frage:

3. Wird der Mitarbeiter Befriedigung empfinden, wenn er das Ziel erreicht hat?

Wichtig ist das richtige Maß von Herausforderung und Machbarkeit. Da auf diese Weise nur Ziele mit hoher Bedeutung vereinbart werden, muss sichergestellt werden, dass die in der Organisation festgeschriebenen Ziele einander nicht widersprechen. Relevante Ziele müssen gut koordiniert sein.

Terminierung

Zu jedem Ziel gehört ein fester Endtermin. Nur dann kann das Resultat mit den anderen Aktivitäten in der Organisation sinnvoll vernetzt werden. Gerade bei langfristigen Zielen ist die Definition von Teilzielen wichtig. Anhand dieser Meilensteine lassen sich Arbeitsfortschritte bewerten; erste Erfolge werden greifbar und können gewürdigt werden, sodass genügend Anreiz entsteht, den notwendigen langen Atem für den erfolgreichen Abschluss der Gesamtmaßnahme aufzubringen.

Was Ziele *nicht* sind:

Für die präzise Formulierung von Zielen ist es hilfreich, einige Unterscheidungen zwischen Zielaussagen und anderen verwandten Begriffen zu treffen.

- Ziele sind keine Maßnahmen. Bei einem Zielvorschlag wie: *„Es soll ein neues Ablagesystem entwickelt werden“* kann man nachfragen: *„Wozu? Was soll durch diese Aktivität erreicht werden?“* Eine geeignete Zielformulierung könnte dann z.B. lauten: *„ … damit die Zugriffszeiten auf Dokumente um 30 Prozent verringert werden.“*
- Ziele sind keine Appelle oder Wünsche. Die Formulierung *„Arbeiten Sie enger mit Ihren Nachbarabteilungen zusam-*

Tipps für erfolgreiche Zielformulierungen

- Zielformulierungen sollten keine Negationen enthalten. Sagen Sie nicht: *„Es soll darauf geachtet werden, dass die wöchentlichen Meetings nicht mehr so lange dauern“*, sondern: *„Die Dauer der wöchentlichen Meetings wird auf 60 Minuten begrenzt.“*
- Zielformulierungen sollten keine Vergleiche enthalten wie *„besser als ...“*, *„mehr als ...“*, *„so gut wie ...“* – Beschreiben Sie eindeutig, wie der Zielzustand gestaltet sein soll.
- Formulieren Sie das Ziel so, als sei es schon erreicht. Statt der Formulierung *„Bis zum ... sollen die Lieferfristen halbiert werden“* kann eine Formulierung gewählt werden, die den Zielzustand vorwegnimmt wie: *„Bis zum ... sind die Lieferfristen halbiert“*. So stellen Sie sich und Ihren Gesprächspartner bereits heute auf den Erfolg von morgen ein.

men“ zeigt sicherlich tendenziell an, in welche Richtung etwas geschehen soll. Aber wo liegen konkret die Problempunkte, die behoben werden sollen, und was soll mit der engeren Zusammenarbeit schließlich erreicht werden? Ein Ziel könnte zum Beispiel lauten: *„Doppelarbeiten bei der Auftragsbearbeitung werden ausgeschlossen.“* Diesbezügliche Abstimmungsprozesse mit den betroffenen Nachbarabteilungen könnten als erste Aktivitäten beschlossen werden.

- Ziele sind keine Glaubenssätze und keine Statements zur Unternehmensphilosophie. *„Das Wohl unserer Kunden“*, *„Fairness“*, *„Zuverlässigkeit“*, *„partnerschaftliche Kommunikation“*, *„ökologisches Handeln“* sind wichtige Ideale; diese abstrakten Formulierungen sind jedoch nicht genügend operationalisiert (präzise Beschreibung des angestrebten Zustandes, Messkriterium, Termin), um als Zielaussagen dienlich sein zu können.

2.2 Relevante Zielarten auf der Basis der Balanced Scorecard

Ziele sollen so gewählt und formuliert sein, dass sie die gesamte Organisation nach vorn bringen. Sie müssen deshalb die verschiedenen bedeutsamen Erfolgsfaktoren und -perspektiven, die in der Organisation wirksam sind, berücksichtigen.

Eine Kategorisierung der Ziele in Zielarten hat in diesem Zusammenhang vier wichtige Funktionen:

1. Sie hilft zu überprüfen, ob die gewählten Ziele alle relevanten Erfolgsperspektiven der Organisation abdecken.
2. Sie gibt einem Zielvereinbarungssystem eine sinnvolle Struktur und bietet Anhaltspunkte für die Priorisierung von Zielbereichen. (Dies ist u.a. wichtig für die Gewichtung von Zielen im Hinblick auf Bonuszahlungen.)
3. Sie vereinfacht die Koordination der Ziele und der Zielbereiche auf der horizontalen Ebene (z.B. von Bereich zu Bereich, von Abteilung zu Abteilung).
4. Sie gibt der vertikalen Vermittlung der Unternehmensziele auf die Mitarbeiterebene (Top-down-Prozess) und der Integration des Mitarbeiter-Know-hows in den Zielfindungsprozess (Bottom-up-Prozess) eine wichtige Orientierung.

Es existieren recht verschiedenartige Nomenklaturen zur Einteilung von Zielen in Zielarten. Sie alle mögen ihre Berechtigung haben, und es gibt wohl auch nicht die eine richtige Unterteilungspraxis. Wichtiger als das Auffinden eines theoretischen Königswegs ist vielmehr, dass das Zielsystem in der Lage ist, die Eckpunkte der Unternehmensstrategie abzubilden. Zudem muss die Zuordnung der Ziele zu Zielkategorien einfach sein,

damit Verständigungsprozesse auf vertikaler und horizontaler Ebene unterstützt werden – wider eine babylonische Begriffsverwirrung. Die Kategorien müssen verständlich formuliert sein, und die Anzahl der angebotenen Kategorien sollte sinnvoll begrenzt sein, damit Zielfindungs- und Vereinbarungsprozesse überschaubar bleiben.
Eine sinnvolle Einteilung in Zielarten bietet das bereits oben eingeführte Konzept der Balanced Scorecard (s. Kap. 1.5). Dieses Konzept erfüllt alle hier genannten Funktionen einer solchen Zielkategorisierung. Es stellt eine praxisgerechte Möglichkeit zur Verfügung, das Unternehmen ganzheitlich zu betrachten. Die Anknüpfung von Zielkategorien an die vier Perspektiven der Balanced Scorecard stellt einen geradezu zwingend logischen Weg dar, eine gemeinsame Sprache im Unternehmen zu sprechen und die Ebene zukunftsorientierter Mitarbeiterführung mit der Ebene einer umfassenden kennzahlengesteuerten Standortbestimmung in der Organisation zu verbinden. In der gegenwärtigen Diskussion über geeignete Zielsysteme scheint sich der Betrachtungsansatz der Balanced Scorecard zudem in immer stärkerem Maße durchzusetzen. Möglicherweise etabliert sich dieser Ansatz als ein standardisiertes Verfahren, das auf längere Zeit hin als State of the Art wird eingestuft werden können.

Die Leitfrage zur Formulierung von Zielen:

„Woran werden wir konkret erkennen können, dass wir unser Ziel erreicht haben?“

Die folgenden Übersichten geben auf der Basis der vier Zielperspektiven der Balanced Scorecard beispielhaft mögliche Ausgestaltungen von Zielen wieder.

Zielkategorie	Beispiele für Ziele
Finanzziele	
Erträge	Umsatzerlöse mit dem Produkt ... um x steigern
Kosten	Reduzierung der Herstellungskosten um x Prozent
Ergebnis	Erreichen eines Jahresergebnisses von x Euro
Rentabilität	Erzielen einer Eigenkapitalrendite von x Prozent
Markt- und Kundenziele	
Marktanteil	Auf dem EU-Markt einen Marktanteil von x Prozent erreichen
Leistungen/ Produkte	Jedes Jahr x Neuentwicklungen auf den Markt bringen
Kundenakquisition	Anteil des Umsatzes mit neuen Kunden am Gesamtumsatz auf x Prozent erhöhen
Kundenzufriedenheit	Bei Kundenumfragen Zufriedenheitswerte von x erreichen (auf der Basis von Vergleichswerten des Wettbewerbs)

Kundentreue	Beim Verhältnis von Neu- zu Folgeaufträgen eine Quote von x : y erreichen
Reaktions-geschwindigkeit	Spätestens nach x Tagen erhält jeder anfragende Kunde ein qualifiziertes Angebot

Interne Prozessziele	
Innovationsprozess	Die Zeit von der Idee bis zum Markteintritt auf x verkürzen
Betriebsprozess	Ausschussquote beim Produkt ... auf x Prozent senken
Serviceprozess	Anteil der beim ersten Kundendienst-Besuch gelösten Probleme von x Prozent erreichen

Lern- und Entwicklungsziele (Mitarbeiterziele)	
Qualifikation	Prozentsatz der Mitarbeiter, die die Fremdsprache ... auf Geschäftsniveau beherrschen, auf x erhöhen individuell: Selbstständiges Agieren in der Fremdsprache ... bis zum Zeitpunkt x erreichen
Mitarbeiterzufriedenheit	In der Mitarbeiterbefragung Zufriedenheitswerte von x erreichen
Bedarfsabdeckung	Für den künftigen Führungskräftebedarf x Kandidaten mit dem erforderlichen Potenzial zur Verfügung haben
Produktivität	Durchschnittlichen Umsatz pro Mitarbeiter von x Euro erreichen

3 Das Gespräch zur Zielvereinbarung

Ziele müssen mit den Menschen, die sie umsetzen sollen, partnerschaftlich vereinbart werden

Vorhang auf und Bühne frei. Wir kommen zur lebendigsten, interessantesten, vielleicht auch am wenigsten berechenbaren Etappe des Zielvereinbarungsprozesses.
Es treten auf: Die Führungskraft und der Mitarbeiter. Sie kennen ihre Rollen (oder sollten sie kennen) und haben sich gründlich vorbereitet. Sie treffen sich, um miteinander zu sprechen.

> Das Mitarbeitergespräch zur Zielvereinbarung ist der zentrale Ort, an dem über Erfolg oder Misserfolg von Zielvereinbarungen im Unternehmen entschieden wird.

Die besten Strategien, Zielsysteme und Vergütungsregelungen bleiben wirkungslos, wenn die Führungskraft sie nicht im Gespräch klar kommuniziert und wenn sie nicht in der Lage ist, konstruktiv mit den Wahrnehmungen, Einschätzungen und Entwicklungswünschen des Mitarbeiters umzugehen.
Zielvereinbarungsgespräche sind anspruchsvolle Gespräche, denn hier geht es um etwas: um verbindliche Absprachen, die beurteilungs- und möglicherweise gehaltsrelevant sind. Ängste treten zutage: vor dem Versagen, vor Konsequenzen aus dem Versagen.
Auch die „Gegenspieler" eines an Zielen orientierten Arbeitsstils (siehe Kap. 1.1) zeigen sich: das Bedürfnis, die Prozesse offen zu halten und sich nicht festzulegen sowie die Sorge vor dem Verlust von Menschlichkeit und Wärme in einer von Zielen getriebenen Unternehmenswelt.

Was jetzt von der Führungskraft gefordert wird, erinnert an die Quadratur des Kreises:

- authentisch, natürlich sein,
- die Begrifflichkeiten und Regelungen des vorgegebenen Zielsystems eindeutig vermitteln,
- Interessen des Arbeitgebers vertreten und weit gesteckte Unternehmensziele glaubwürdig artikulieren,
- Entwicklungswünsche des Mitarbeiters integrieren,
- Gesprächs-Handwerkszeuge (z.B. bei Konflikten) souverän einsetzen,
- ein gutes Beziehungsklima aufrecht erhalten,
- Gesprächsergebnisse in Echtzeit dokumentieren, ohne formal zu wirken.

Wie soll man das alles zugleich leisten? Verantwortliche für die Konzeption von Zielvereinbarungs-Systemen und Gesprächsleitfäden sollten sich diese oft kaum in Einklang zu bringenden Anforderungen immer wieder vergegenwärtigen. Sie sollten fürsorglich darauf achten, dass sie „lebbare“, das heißt verständliche und unkomplizierte Tools entwickeln.

Die entscheidenden Grundsätze bei der Erstellung der Gesprächsvorgaben sind die Beschränkung auf die wesentlichen Punkte, ein leicht nachvollziehbarer Gesprächsaufbau, der genügend Freiheiten lässt, sowie eine möglichst unbürokratische Dokumentationsform, die wenig Ängste weckt, zu einem gläsernen Mitarbeiter zu werden (dazu unten mehr in Kap. 4)

In diesem Kapitel finden Sie einige Hilfestellungen zur Gesprächsführung zusammengestellt. Sie sind Werkzeuge der professionellen Kommunikation. Darüber, wann welches dieser Werkzeuge Anwendung finden sollte, um das Gespräch zum Erfolg zu führen, entscheiden die gegebenen Situationsfaktoren und die Erfahrung des jeweiligen Akteurs.

Training und unmittelbares Feedback unter sachkundiger Anleitung sollten Bestandteile des persönlichen Kompetenzaufbaus sein, um die Sensibilität für Kommunikationsprozesse zu steigern und um das eigene Handlungsrepertoire zu vergrößern.

3.1 Das Zielvereinbarungsgespräch als Regelgespräch

Gerade in Organisationen, in denen bisher keine regelmäßigen Mitarbeitergespräche geführt wurden, führt die Einführung von Zielvereinbarungsgesprächen bei Führungskräften zuweilen zu Irritationen, zumindest zu Fragen. „Wir sprechen doch jeden Tag mit unseren Mitarbeitern", heißt es da manchmal ein wenig provokant. „Sollen wir denn jetzt nur noch einmal pro Jahr mit unseren Mitarbeitern sprechen?"

In der Tat ist der Alltag vieler Führungskräfte von laufender Kommunikation mit Mitarbeitern durchsetzt: Aufgaben werden delegiert, Projektgespräche geführt, es wird gelobt, kritisiert, man vereinbart Urlaubspläne, man stimmt sich über den Umgang mit externen Dynamiken wie z.B. besonderen Kundenwünschen ab. Diese Gespräche mit Mitarbeitern dauern oft nur wenige Minuten und werden mitunter auch zwischen Tür und Angel geführt.

Diese „kleinen" Mitarbeitergespräche nennt man anlassbezogene Gespräche. Ihr Gewicht und ihre Frequenz sollen durch das Zielvereinbarungsgespräch keinesfalls herabgewürdigt werden. Sie sind die tägliche Nahrung eines sowohl sach- wie beziehungsorientierten Führungsstils. Anlassbezogene Gespräche unterscheiden sich jedoch grundsätzlich von dem Zielvereinbarungsgespräch, so wie es hier gemeint ist.

Beim Zielvereinbarungsgespräch im eigentlichen Sinne handelt es sich um ein Regelgespräch. Kennzeichen von Regelgesprächen ist, dass sie eben nicht den tagesaktuellen Anstoß brauchen, sondern größere Entwicklungslinien in den Blick nehmen: die längerfristige Entwicklung des Unternehmens, der Abteilung, nicht zuletzt die Entwicklung des Mitarbeiters selbst. Dieser Gedanke, die Tagesaktualität zu verlassen und gewissermaßen aus der Helikopterperspektive miteinander über den gemeinsamen Arbeitskontext zu sprechen, liegt auch verwandten Gesprächsformen wie dem periodischen Beurteilungsgespräch, dem Mitarbeiterjahresgespräch oder dem Entwicklungsgespräch zugrunde (vgl. Kießling-Sonntag 2000).

Regelgespräche werden zusätzlich zu den täglichen anlassbezogenen Gesprächen geführt. Das heißt, sie kosten Zeit. Eine Stunde oder anderthalb sind mit einem solchen Gespräch schnell zugebracht; hinzu kommt – zurückhaltend angesetzt – insgesamt eine halbe Stunde Vor- und Nachbereitung. Bei einem Team von acht Mitarbeiterinnen und Mitarbeitern kommen da rasch zwei Arbeitstage zusammen. So sollten Regelgespräche in der Praxis nicht inflationär geführt werden: Ein Zielvereinbarungsgespräch pro Jahr und zusätzlich ein kürzeres unterjähriges „Meilensteingespräch" zur Überprüfung des Zielfortschritts und zur Feinjustierung der Aktivitäten sollten im Allgemeinen ausreichen (siehe Kap. 3.2 – 3.6).

Führungskräfte und Mitarbeiter, die die Erfahrung von Regelgesprächen zum ersten Mal machen, empfinden diese zumeist als sehr segensreich. Zuwendung, Intensität, Informationsgehalt und schlussendlich das Ergebnis werden zumeist als überaus positiv empfunden. Es sei denn, es gilt Konflikte zu bearbeiten, denen man in den Ad-hoc-Situationen des Tagesgeschäfts vielleicht bisher ausweichen konnte, nicht jedoch in einer relevanten Situation, in der es zusammenhängend um Strategie, Leistungserwartungen und die persönliche Performance des Mitarbeiters geht.

Das Zielvereinbarungsgespräch ist damit auch eine Chance und Aufforderung, schwelende grundsätzliche Dissense zu bearbeiten (siehe dazu auch Kap. 3.8).

Wichtig im Hinblick auf die praktische Durchführung ist in diesem Zusammenhang, das Hereinstrahlen tagesaktueller

Vorgänge in das Zielvereinbarungsgespräch nach Möglichkeit zurückzuweisen. Möchte ein Mitarbeiter zu Beginn des Gesprächs „... noch einmal eben die Sache mit dem Kunden XY durchsprechen", ist dies aus Sicht des Mitarbeiters durchaus verständlich. Doch könnte sich der kleine Anlass als großes Thema entpuppen; nur schwer findet man dann noch in die grundsätzliche Perspektive der Zielvereinbarung zurück – das Zielvereinbarungsgespräch wäre als solches entwertet. Aktuelle Vorgänge, die anstehen, sollten daher (solange es dabei nicht um „Sein oder Nichtsein des Unternehmens" geht) in einem eigens verabredeten kleinen Gespräch – vielleicht am nächsten Tag – behandelt werden.

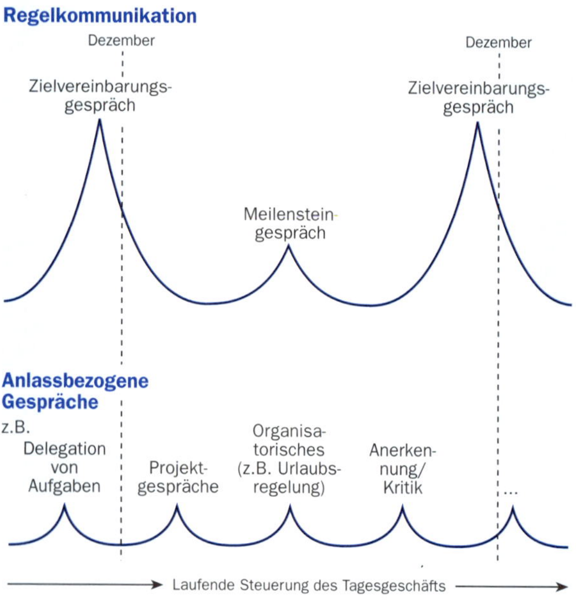

Das Zielvereinbarungsgespräch als Regelgespräch

3.2 Gesprächsvorbereitung

Nichts geht ohne eine gründliche Vorbereitung. Gerade wenn man erstmalig oder nur selten Zielvereinbarungsgespräche führt, sollte man sich im Vorfeld des Gesprächstermins intensiv mit der Gesprächssituation auseinandersetzen: *Was will ich erreichen? Was will der Mitarbeiter erreichen?*
Wenden wir uns zuerst der zweiten Frage zu. Es lohnt, einmal innerlich die Seite zu wechseln, um herauszufinden, mit welchen Interessen und Fragen der Mitarbeiter möglicherweise in das Gespräch hineingeht.

Mögliche Intentionen des Mitarbeiters im Gespräch

- Erreichte Ergebnisse in einem positiven Licht darstellen.
- Persönliche Entwicklungsmöglichkeiten nutzen – Ziele vereinbaren, deren Erreichung eine Verbesserung der persönlichen Aufstiegschancen mit sich bringt.
- Ein machbares Arbeitspensum vereinbaren.
- Transparenz im Hinblick auf Prioritäten erhalten: Was ist wichtig? Was ist nicht so wichtig?
- Aktiv Einfluss auf die Setzung von Prioritäten nehmen.
- Kompetenzen und Spielräume klaren.
- Den eigenen Beitrag zur Erreichung der Unternehmens/ Bereichs-/Abteilungsziele erkennen.
- Persönliche Interessen und Lieblingsprojekte in Form von Zielen verankern.
- Ressourcen und Entwicklungsunterstützung erhalten (z.B. Arbeitsmittel, Fortbildung).
- Ein positives Bild von der eigenen Kompetenz vermitteln.
- Rückmeldung über das eigene Potenzial erhalten.

Leitfragen für die Vorbereitung

Die detaillierte Vorbereitung des Gesprächs anhand konkreter Leitfragen ist sowohl für die Führungskraft als auch für den

Mitarbeiter wichtig, damit solide Absprachen getroffen werden können, die gleichermaßen die strategischen Belange des Unternehmens und die individuelle Entwicklungsperspektive des Mitarbeiters berücksichtigen.
Es ist hilfreich, wenn die Leitfragen zur Gesprächsvorbereitung der Führungskraft und dem Mitarbeiter in schriftlicher Form vorliegen, damit beide Gesprächspartner eine gleichwertige Vorbereitungsbasis besitzen und keine wichtigen Punkte vergessen werden.
Die Führungskraft sollte insbesondere bei der erstmaligen Durchführung eines Zielvereinbarungsgesprächs mit dem Mitarbeiter im Vorfeld ein kurzes Einstimmungsgespräch führen, in dem sie ihn – so nicht schon in der Implementierungsphase von „Führen mit Zielvereinbarungen" durch allgemeine Kommunikationsveranstaltungen geschehen – über Sinn und Zweck des Zielvereinbarungsgesprächs informiert und ihm die Leitfragen zur Vorbereitung übergibt.

Die wesentlichen Elemente des Zielvereinbarungsgesprächs heißen Rückschau und Vorschau. Diese beiden Blickrichtungen gliedern auch sinnvoll die Gesprächsvorbereitung.

Vorbereitung der Führungskraft
(Muster eines Fragenkatalogs)

Rückschau auf die vergangene Arbeitsperiode:

- Welche Zielvereinbarungen wurden mit dem Mitarbeiter für die vergangene Arbeitsperiode getroffen?
- In welchem Maße wurden die vereinbarten Ziele erreicht, übertroffen bzw. nicht erreicht?
- Was ist besonders gut gelungen? (Messgrößen, Wahrnehmungen, Einschätzungen)
- Was ist nicht gut gelungen? (Messgrößen, Wahrnehmungen, Einschätzungen)
- Wo sehen Sie Gründe für das Erreichen/Übertreffen bzw. Nicht-Erreichen von Zielen?

- Welche Stärken und besonderen Eignungen hat Ihr Mitarbeiter gezeigt, und wo sehen Sie noch Verbesserungsmöglichkeiten?
- Wie hat der Mitarbeiter seine Ziele verfolgt? (in konstruktiver und kollegialer Abstimmung mit anderen Kollegen/Abteilungen oder auf Kosten anderer)
- Mit welchen Aktivitäten und Aufgaben hat Ihr Mitarbeiter im vergangenen Jahr die meiste Zeit verbracht? Spiegeln sich diese Aktivitäten in den Zielen wider?
- Hat Ihr Mitarbeiter Zusatzaufgaben übernommen?
- Welche Rahmenbedingungen haben die Erreichung der Ziele günstig oder ungünstig beeinflusst?
- Waren Zuständigkeiten und der Verantwortungsbereich klar genug geregelt?
- Waren die zur Verfügung gestellten Ressourcen (z.B. Arbeitsmittel) und die Möglichkeiten zur persönlichen Weiterentwicklung (z.B. Fortbildung) hinreichend?

Vorschau auf die kommende Arbeitsperiode:

- Welche mittel- und langfristigen Ziele hat sich das Unternehmen gesetzt, und welche Ziele werden insbesondere für den nächsten Vereinbarungszeitraum angestrebt?
- Welches sind die mittel- und langfristigen Entwicklungsschwerpunkte Ihres Arbeitsbereichs?
- Welche konkreten Ziele sind seitens des Unternehmens für Ihren Arbeitsbereich formuliert worden?
- Welche Ziele haben Sie sich persönlich für Ihren Arbeitsbereich gesetzt?
- Wo sehen Sie den Beitrag des Mitarbeiters zur Weiterentwicklung Ihres Arbeitsbereichs?
- Auf welche Ziele sollte sich der Mitarbeiter im kommenden Vereinbarungszeitraum konzentrieren?
  Bitte pro Ziel festhalten:
  - Was soll Ihr Mitarbeiter konkret erreichen?
  - Woran werden Sie feststellen können, dass das Ziel erreicht wurde?

Ziele „smart" formulieren: spezifisch, messbar, aktiv beeinflussbar, relevant, terminiert (siehe Kap. 2.1).

- Wie würden Sie diese Ziele gewichten? (Bitte begründen)
- Kann Ihr Mitarbeiter die genannten Ziele mit seinen bisherigen Fähigkeiten erreichen?
- Welche Voraussetzungen müssen gegeben sein, damit Ihr Mitarbeiter diese Ziele erreichen kann:
  - Welche Ressourcen (Arbeitsmittel, personelle Unterstützung, Zeit) werden benötigt?
  - Sind organisatorische Änderungen sinnvoll? (z.B. Abläufe, Aufgabenverteilung)
  - Mit wem muss Ihr Mitarbeiter kooperieren, und welche Schnittstellen müssen mit einbezogen werden?
  - Benötigt Ihr Mitarbeiter spezifische Fortbildungen und Trainings, und wenn ja, welche?

Vorbereitung des Mitarbeiters
(Muster eines Fragenkatalogs)

Rückschau auf die vergangene Arbeitsperiode:

- Welche Zielvereinbarungen wurden mit Ihnen für die vergangene Arbeitsperiode getroffen?
- In welchem Maße konnten Sie die vereinbarten Ziele erreichen, übertreffen bzw. nicht erreichen?
- Was ist Ihnen besonders gut gelungen? (Messgrößen, Wahrnehmungen, Einschätzungen)
- Was ist Ihnen nicht so gut gelungen? (Messgrößen, Wahrnehmungen, Einschätzungen)
- Wo sehen Sie Gründe für das Erreichen/Übertreffen bzw. Nicht-Erreichen von Zielen?
- Welche Stärken und besonderen Eignungen haben Sie an sich wahrgenommen, und wo sehen Sie noch Verbesserungsmöglichkeiten?
- Konnten Sie Ihre Ziele in konstruktiver und kollegialer Abstimmung mit anderen Kollegen und Abteilungen verfolgen, oder hatten Sie eher den Eindruck, sich gegenüber an-

deren durchsetzen zu müssen, um erfolgreich sein zu können?

- Mit welchen Aktivitäten und Aufgaben haben Sie im vergangenen Jahr die meiste Zeit verbracht? Spiegeln sich diese Aktivitäten Ihrer Meinung nach in den Zielen wider?
- Haben Sie Zusatzaufgaben übernommen?
- Welche Rahmenbedingungen haben die Erreichung der Ziele günstig oder ungünstig beeinflusst?
- Waren Zuständigkeiten und der Verantwortungsbereich klar genug geregelt?
- Waren die zur Verfügung gestellten Ressourcen (z.B. Arbeitsmittel) und die Möglichkeiten zur persönlichen Weiterentwicklung (z.B. Fortbildung) hinreichend?

Vorschau auf die kommende Arbeitsperiode:

- Wo sehen Sie die mittel- und langfristigen Entwicklungsschwerpunkte Ihres Arbeitsbereichs?
- Welchen persönlichen Beitrag möchten Sie im Rahmen dieser Entwicklung leisten?
- Welche Ziele möchten Sie im kommenden Vereinbarungszeitraum erreichen?

  Bitte pro Ziel festhalten:
  - Was möchten Sie konkret erreichen?
  - Woran werden Sie feststellen können, dass Sie Ihr Ziel erreicht haben?

  Ziele „smart“ formulieren: spezifisch, messbar, aktiv beeinflussbar, relevant, terminiert
- Wie würden Sie diese Ziele gewichten? (Bitte begründen)
- Können Sie die genannten Ziele mit Ihren bisherigen Fähigkeiten erreichen?
- Welche Voraussetzungen müssen gegeben sein, damit Sie diese Ziele erreichen können:
  - Welche Ressourcen (Arbeitsmittel, personelle Unterstützung, Zeit) benötigen Sie?
  - Halten Sie organisatorische Änderungen für sinnvoll? (z.B. Abläufe, Aufgabenverteilung)

- Mit wem müssen Sie kooperieren, und welche Schnittstellen müssen mit einbezogen werden?
- Benötigen Sie spezifische Fortbildungen und Trainings – wenn ja, welche?

Organisation des Gesprächs

Geben Sie dem Gespräch einen guten Rahmen; dies bedeutet:

- Vereinbaren Sie den Termin frühzeitig (am besten einige Wochen vor dem Gespräch).
- Planen Sie genügend Zeit für das Gespräch ein (ca. zwei Stunden sind erfahrungsgemäß ein guter Zeitraum, um die Themen intensiv zu beraten, ohne die Konzentrationsfähigkeit der Beteiligten überzustrapazieren).
- Sorgen Sie dafür, dass Sie das Gespräch ungestört führen können.

3.3 Gesprächsablauf

Die oben vorgestellten Leitfragen zur Vorbereitung können eine gute Hilfe zur Gesprächsstrukturierung sein. Es ist jedoch nicht notwendig, jede in der Vorbereitung bedachte Frage Punkt für Punkt „abzuhaken". Konzentrieren Sie sich auf die Aspekte, die für die Bewertung der Zielerreichung, für die Formulierung neuer Ziele und für die Weiterentwicklung des Mitarbeiters relevant sind.
Empfohlen wird die Unterstützung der Gesprächsdurchführung durch ein Formular, das „Wegmarkierungen" für den Gesprächsverlauf enthält und als Dokumentationsgrundlage dienen kann, ohne auf der anderen Seite die Flexibilität des Dialoges zu sehr zu beeinträchtigen (siehe Kap. 4).

Bewährt hat sich ein phasenorientierter Gesprächsaufbau:

Kontaktphase

- Begrüßung
- Beschränkung auf eine kurze Aufwärmphase: Weitgehender Verzicht auf Smalltalk wegen der betonten Sachorientierung des Gesprächs; möglicherweise muss im Verlauf hart verhandelt werden, sodass sich ein zu „privater" Beginn im Nachhinein als unpassend herausstellen könnte.

Klärung der Gesprächsziele und des gemeinsamen Vorgehens

- Bedeutung und Funktion des Zielvereinbarungsgesprächs hervorheben bzw. in Erinnerung rufen
- Zeitrahmen festlegen
- Gesprächsablauf vorschlagen

Rückschau auf die vergangene Arbeitsperiode

- Die Führungskraft stellt als Einstieg einige zentrale positive Aspekte des Leistungsverhaltens heraus, die sie beim Mitarbeiter in der vergangenen Periode wahrgenommen hat.
- Der Mitarbeiter bewertet seine Arbeitsergebnisse und seinen Zielerreichungsgrad. In welchem Maß wurden die für die vergangene Periode vereinbarten Ziele erreicht, übertroffen bzw. nicht erreicht?
- Die Führungskraft stellt der vorgenommenen Einschätzung die eigene Bewertung des Zielerreichungsgrades des Mitarbeiters gegenüber.
- Die beiden Einschätzungen werden abgeglichen. Gründe für eventuell unterschiedliche Bewertungen werden herausgearbeitet.

- Selbst- und Fremdeinschätzung bezüglich der persönlichen Weiterentwicklung des Mitarbeiters werden ausgetauscht (vertiefte Reflexion zur Erreichung der individuellen Lern- und Entwicklungsziele).
- Gründe für Erfolge und Misserfolge werden analysiert.
- Das „Wie" der Zielverfolgung wird besprochen (z.B. Kooperations- versus Konkurrenzorientierung des Mitarbeiters).
- Wichtige Ergebnisse aus der Diskussion (z.B. verstärkt einsetzbare Kompetenzen des Mitarbeiters, Verbesserungsmöglichkeiten) werden im Hinblick auf Folgerungen für die kommende Periode festgehalten.

Vorschau auf die kommende Arbeitsperiode

- Die Führungskraft informiert den Mitarbeiter über Zielsetzungen des Unternehmens und des Arbeitsbereichs sowie über aktuelle Entwicklungen, die für die Zielvereinbarung relevant sein können; anschließend Rückfragen des Mitarbeiters.
- Der Mitarbeiter skizziert die mittel- und langfristigen Entwicklungen, die der Arbeitsbereich seiner Einschätzung nach vollziehen sollte.
- Der Mitarbeiter beschreibt, worin er seinen Beitrag zur Erreichung der Unternehmensziele im nächsten Vereinbarungszeitraum sieht.
- Der Mitarbeiter stellt die Ziele vor, die er realisieren möchte.
- Die Führungskraft stellt vor, welchen Beitrag sie vom Mitarbeiter im nächsten Vereinbarungszeitraum erwartet.
- Die Führungskraft stellt die konkreten Ziele vor, deren Erreichung sie sich vom Mitarbeiter wünscht.
- Die vom Mitarbeiter und von der Führungskraft vorgestellten Ziele werden besprochen und priorisiert. Es findet ein Austausch über Muss- und Kann-Ziele, über das Mach-

bare und über die Akzeptanz der Ziele und Konsequenzen statt.

- Ist grundsätzliche Einigung über die Ziele erreicht, werden in der Reihenfolge der Gewichtung Detailabsprachen zu den einzelnen Zielen getroffen und dokumentiert (Termin, Kompetenzen, Ressourcen, Beteiligte, Unterstützung, Maßnahmen).
- Entwicklungsbedarfe des Mitarbeiters werden gemeinsam ermittelt; Entwicklungswünsche des Mitarbeiters werden aufgenommen. Vereinbarungen über konkrete Entwicklungsmaßnahmen werden getroffen.
- Nachdem alle Ziele unter Dach und Fach sind, wird in der Überschau nochmals gemeinsam geprüft, ob der vereinbarte Zielkatalog bewältigt werden kann und ob die besprochenen Aktivitäten zur persönlichen Weiterentwicklung realistisch sind.

Zusammenfassung des Gesprächsergebnisses

- Nach der Zusammenfassung der wichtigsten Punkte (insbesondere der abgesprochenen Maßnahmen) vereinbaren die Führungskraft und der Mitarbeiter einen Termin für das nächste Meilensteingespräch (siehe unten), in dem ein erstes Feedback zum Stand der Zielverfolgung ausgetauscht werden kann.
- Führungskraft und Mitarbeiter überprüfen gemeinsam, ob alle wichtigen Punkte dokumentiert wurden.

Positives Gesprächsende

- Die Führungskraft würdigt die Bedeutung des Informationsaustausches und des vereinbarten Gesprächsergebnisses.

3.4 Nach dem Gespräch

Beobachten Sie, ob der Mitarbeiter die vereinbarten Ziele tatsächlich motiviert angeht oder ob diese, z. B. wegen Überlastung im Tagesgeschäft, in den Hintergrund treten. Achten Sie auch darauf, wie sich die Arbeitszufriedenheit des Mitarbeiters in der folgenden Zeit entwickelt. Tritt ein positiver „Schub" ein, oder wirken sich die neuen Aktivitäten eher stimmungsdämpfend aus?

Wenn Sie positive Signale aufnehmen, brauchen Sie bis zum nächsten Meilensteingespräch nichts zu unternehmen – außer regelmäßigen interessierten Nachfragen und aufbauendem Feedback. Wenn Sie dagegen negative Signale aufnehmen, sollten Sie bald ein neues Gespräch vereinbaren, um die Ursachen zu ergründen und gegebenenfalls die getroffenen Zielvereinbarungen zu hinterfragen.

3.5 Das Meilensteingespräch

In der Regel werden im Zielvereinbarungsgespräch Ziele für ein Jahr festgelegt. In unserer schnelllebigen Zeit ist dieser Zeitraum sehr lang. Unvorhergesehene Entwicklungen im Organisationsumfeld treten ein, es entstehen Hindernisse auf dem Weg zur Zielerreichung, die Situation des Mitarbeiters verändert sich, Umstrukturierungen werden vorgenommen. Vor dem Hintergrund dieser Dynamiken reicht es nicht aus, nur einmal im Jahr über Ziele zu sprechen. Auch die immer wieder herbeigeführten „kleineren" Kommunikationssituationen des kontinuierlichen Feedbacks und des Sachaustauschs sind in aller Regel nicht hinreichend für eine fundierte Begleitung der individuellen Zielerreichung, die einen wichtigen Teilprozess der Realisierung erfolgsrelevanter Unternehmensziele darstellt.

Um den Austausch über wichtige Ziele das ganze Jahr hindurch aufrechtzuerhalten, hat es sich bewährt, unterjährig ein oder mehrere Meilensteingespräche zu führen – nach einem halben Jahr oder im Quartalsrhythmus.

Ein eigener Gesprächsbogen ist für das Meilensteingespräch im Allgemeinen nicht notwendig (eine individuelle Dokumentation als Gedächtnisstütze reicht hier aus); die Kommunikation sollte hier nicht durch Formulare überfrachtet werden.
Das Meilensteingespräch ist von erheblich kürzerer Dauer als das Zielvereinbarungsgespräch. Es sollte ausdrücklich als solches angekündigt werden und nicht mit der Besprechung von Fragen aus dem Alltagsgeschäft vermengt werden.

Mögliche Inhalte des Meilensteingesprächs

- Besprechung aktueller Entwicklungen, die Einfluss auf die Zielerreichung haben.
- Reflexion des aktuellen Standes der Zielerreichung und Feedback; gegebenenfalls mit Wegkorrekturen.
- Problemlösung bei Schwierigkeiten im Prozess der Zielverfolgung.
- Besprechung des aktuellen Standes hinsichtlich der besprochenen Entwicklungsmaßnahmen.

3.6 Zeitliche Abfolge von Zielplanung und Mitarbeitergespräch

Eine erfolgreiche Umsetzung des Zielvereinbarungsprozesses in der Organisation setzt voraus, dass die Phasen der Strategieentwicklung, der übergeordneten Ziel- und Budgetplanung sowie der Durchführung der Zielvereinbarungsgespräche zeitlich gut aufeinander abgestimmt sind.
Sonst kann es geschehen, dass Gespräche geführt werden sollen, obwohl noch keine unternehmensseitigen Rahmenvorgaben zur Verfügung gestellt wurden. Die Folge können verspätete Gespräche sein *(„Das halbe Jahr ist nun ja schon um, und jetzt sollen wir noch ein Zielvereinbarungsgespräch führen.“)*, ausbleibende Gespräche *(„Dann können wir es ja auch ganz lassen.“)*, oder es entsteht eine ungewollte Trennung von Ziel-

Mögliche zeitliche Abfolge im Zielplanungs- und Zielvereinbarungsprozess

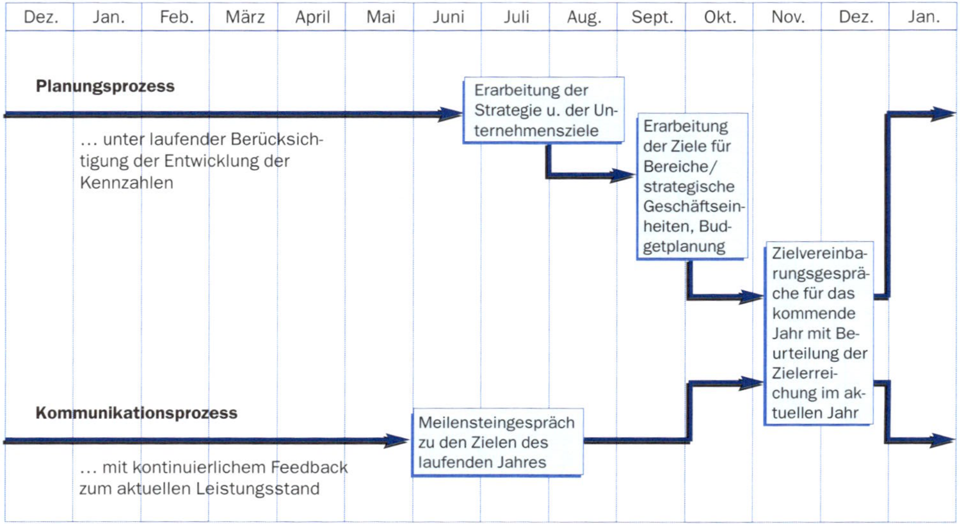

vereinbarungs- und Beurteilungsprozess; es müssen dann zwei Gespräche statt einem geführt werden, da die – möglicherweise gehaltsrelevante – Beurteilung nicht auf den Prozess der Neuvereinbarung von Zielen „warten“ kann. Eine mögliche sinnvolle zeitliche Abfolge der Phasen im Zielvereinbarungsprozess finden Sie in neben stehender Abbildung.

3.7 Wichtige Gesprächsfertigkeiten

Der Ton macht die Musik, sagt man. Und so kommt es auch beim Zielvereinbarungsgespräch nicht nur darauf an, dass man den richtigen Ablauf einhält, sondern auch darauf, einen guten persönlichen Gesprächsstil zu entwickeln, sodass sich der Mitarbeiter zugleich fachlich gut aufgehoben und menschlich wertgeschätzt fühlt.

Nehmen Sie deshalb im Gespräch eine partnerschaftliche Haltung ein:

- Schaffen Sie eine ungezwungene Gesprächsatmosphäre.
- Interessieren Sie sich für Ihren Gesprächspartner, seien Sie aufmerksam.
- Respektieren Sie die Persönlichkeit Ihres Gesprächspartners; erlauben Sie ihm so zu sein, wie er ist.
- Bleiben auch Sie, wie Sie sind – authentisch.
- Verstehen und achten Sie die Gefühle Ihres Gesprächspartners als natürlichen Ausdruck seiner selbst.
- Bauen Sie nicht auf formale Macht, sondern auf gute Argumente.
- Überlassen Sie Ihrem Gesprächspartner die Verantwortung für sein Handeln.
- Tragen Sie Sorge dafür, dass seine Bedürfnisse im Gespräch berücksichtigt werden, und artikulieren Sie auch Ihre eigenen Bedürfnisse.
- Lassen Sie Ihren Gesprächspartner unter allen Umständen sein Gesicht wahren.

- Wagen Sie Vertrauen als Vorleistung, denn: *„Der Vertrauende entlastet sich durch sein Vertrauen von Komplexität, die er nicht tragen kann."* (N. Luhmann)

Die Kunst der Gesprächsführung besteht zu einem guten Teil darin, Dinge zu tun, die den Fortgang des Gesprächs sachlich und menschlich positiv beeinflussen, und andererseits Dinge zu vermeiden, die den Gedankenaustausch behindern und die zwischenmenschliche Beziehung beeinträchtigen. Solche positiven und negativen Faktoren nennt man Gesprächsförderer und Gesprächsstörer.

Gesprächsfördernde und gesprächsstörende Aktivitäten

Gesprächsstörer vermeiden	Gesprächsförderer nutzen
◆ Monologisieren ◆ Ungebetene Ratschläge geben ◆ Belehren, dozieren ◆ Ausfragen ◆ Überreden ◆ Ironisieren ◆ Gesprächspartner unterbrechen ◆ Schwierige Sachverhalte bagatellisieren ◆ Auf alten Geschichten herumreiten ◆ Drohen ◆ Befehlen ◆ Gesprächspartner abwerten ◆ Stimmungen ignorieren	◆ Auf ausgewogene Gesprächsanteile achten ◆ Aktiv zuhören ◆ Ausreden lassen ◆ Denkanstöße geben ◆ Sich interessieren und nachfragen, ohne zu „verhören" ◆ Blickkontakt halten ◆ Wertschätzung zeigen ◆ Anerkennung ausdrücken ◆ Lösungs- und zukunftsorientiert kommunizieren ◆ Schwierige Sachverhalte auf den Punkt bringen ◆ Stimmungen und nonverbale Signale beachten

Techniken der Gesprächsführung

Führungskräfte, die Zielvereinbarungen mit Mitarbeitern treffen, sollten grundlegende Techniken der Gesprächsführung beherrschen.

> Denn Zielvereinbarungsgespräche zu führen bedeutet, eine der Kernaufgaben des Führungsprozesses wahrzunehmen.

Diese Gespräche „kosten" Zeit, sie sind eine Investition; das Gesprächsresultat entscheidet mitunter wesentlich über das Niveau der Aktivitäten in der kommenden Arbeitsperiode, über die Leistungsmotivation und die Zufriedenheit des Mitarbeiters.
Da Zielvereinbarungsgespräche infolge ihres verpflichtenden Charakters in hohem Maße gegenseitiges Verständnis, Interessenausgleich und eine ausgeprägte Sach- wie Beziehungsorientierung verlangen, gehören sie zu den schwierigeren Mitarbeitergesprächen.

Einige grundlegende „Werkzeuge" professioneller Kommunikation finden Sie hier beschrieben.

Die Dynamik der Gesprächsebenen steuern

Da Zielvereinbarungsgespräche auf Vereinbarungen zusteuern, deren Umsetzung später überprüfbar, ja sogar messbar sein soll, liegt es nahe, sie als ausgesprochen sachorientierte Gespräche zu führen: Was zählt, ist das Ergebnis. Dennoch sind Zielvereinbarungsgespräche, wie sie im Unternehmensalltag geführt werden, natürlich weitaus facettenreicher, als es logisch aufgebaute Zielnomenklaturen und durchstrukturierte Gesprächsbögen glauben machen könnten.
Denn ebenso wie in allen anderen Kommunikationssituationen laufen in Zielvereinbarungsgesprächen mehrere Prozesse gleichzeitig ab. Manche dieser Prozesse sind leicht zugänglich, andere sind eher verborgen. Man kann hier vier zentrale Prozessebenen unterscheiden (angelehnt an Rosenkranz 1994).

Grundlegende Gesprächstechniken

Die vier Gesprächsebenen

Stets agieren die Gesprächspartner auf allen vier Ebenen zugleich: Es gibt immer ein Thema, das bearbeitet werden soll; in jedem Augenblick können wir prüfen, ob das Procedere mehr oder weniger strukturiert und nachvollziehbar ist; stets ist unser Kontakt zum Gesprächspartner auf eine spezifische Weise gefärbt; und schließlich können wir uns Moment für Moment vergewissern, ob das gerade Geschehende im Einklang mit unseren tieferen Bedürfnissen und Werten steht.

Im Folgenden seien die Gesprächsebenen näher vorgestellt. Außerdem finden Sie einige Anregungen, wie Sie den Verlauf des Zielvereinbarungsgesprächs auf der jeweiligen Ebene positiv beeinflussen können.

Erste Ebene: Inhalte

Diese Ebene ist am leichtesten zugänglich. Hier geht es im Zielvereinbarungsgespräch um den Sachaspekt der Aufgaben und Ziele für das kommende Jahr, es geht um Strategien, hier wird beurteilt und argumentiert; Ziele werden messbar formuliert.

Auf der inhaltlichen Ebene sind wir in der Regel am besten ausgebildet. Schul-, Berufs- und Universitätsbildung haben uns zu Fachleuten gemacht. Damit kein falscher Eindruck entsteht: Dafür, dass wir inhaltliche Dinge bewegen und Ziele erreichen, verdienen wir im Unternehmen unser Geld. Und so gilt im Gespräch: Fachkompetenz ist nicht alles, aber ohne Fachkompetenz ist alles nichts. Wir brauchen ein klares Bild davon, was auf der Tagesordnung des Unternehmens und des Arbeitsbereichs oben steht, wir müssen die Fachthemen durchdringen, um sinnvoll Ziele vereinbaren zu können.

Manchmal führt die starke Konzentration auf das Sachthema allerdings dazu, dass man für andere Vorgänge im Gespräch blind wird, etwa wenn man sich in einer Detaildiskussion derart verzettelt, dass man wichtige Gesprächsthemen in der zur Verfügung stehenden Zeit nicht mehr bearbeiten kann oder wenn unser Gesprächspartner auf die von uns vorgeschlagenen Ziele mit einem gefühlsmäßigen Widerstand reagiert, der plötzlich in Aggressivität umschlägt, wodurch das Gesprächsklima empfindlich leidet. Hier stößt der rein inhaltliche Diskurs an Grenzen; Prozess- und Beziehungsebene (s.u.) rucken in den Vordergrund.

Sie können das Zielvereinbarungsgespräch auf der Ebene der Inhalte positiv beeinflussen, wenn Sie

- sich inhaltlich gut vorbereiten,
- alle wichtigen Fakten im Gespräch zur Hand haben,
- den Mitarbeiter offen informieren,
- Ihrerseits Informationen und Ideen erfragen,
- verständlich sprechen (s.u.),
- Raum für sachliche Diskussion geben,

Verständigung braucht Kopf und Herz

Die vier Ebenen der Kommunikation

Ebene der sachlichen Inhalte

Worüber reden wir?
Worum geht es inhaltlich?

- Sachaspekte
- Aufgabenorientierung
- rationale Argumentation
- Fachkompetenz

Ebene des Procedere

Unter welchen (formalen) Rahmenbedingungen reden wir miteinander?

- Geschäftsordnung
- Spielregeln
- Strukturierung des Gesprächs
- Methodik der Themenbearbeitung

Gerade im Zielvereinbarungsgespräch, in dem es um konsensfähige, verbindliche und schließlich auch überprüfbare Vereinbarungen geht, ist es von großer Bedeutung, dass die Beteiligten sämtliche Ebenen, auf denen Kommunikation geschieht, sensibel wahrnehmen und gestalten.

Nur so können die Bedingungen, unter denen das Gespräch stattfindet, reflektiert und offene wie unterschwellige Botschaften registriert werden, um entsprechend auf den Gesprächspartner eingehen zu können.

Ebene der Beziehungen und Gefühle

Wie stehen wir zueinander?

- Nähe – Distanz
- Sympathie – Antipathie
- partnerschaftliches Rollenverständnis – hierarchisches Rollenverständnis
- Ausdruck und Wahrnehmung von Gefühlen

Ebene der Bedürfnisse, Antriebe und Visionen

Was bewegt uns?

- Werte und Normen
- Prägungen
- „innerer Pfad“
- persönliche Ziele
- Vorbilder

- Ihr Interesse an der fachlich besten Lösung zeigen,
- Ziele und Vereinbarungen klar formulieren.

Zweite Ebene: Das Procedere

Auf dieser Ebene geht es darum, wie das Gespräch abläuft und wie die Rahmenbedingungen gesetzt sind. Wirkt das Gespräch beliebig und unverbindlich, wirkt es angemessen strukturiert oder gar überstrukturiert?
Der Gesprächsleitfaden, Gesprächsbögen und das Maß unserer Flexibilität und unseres Eingehens auf Impulse unseres Gesprächspartners bestimmen darüber, wie der Ablauf des Gesprächs erlebt wird.
Welche Themen gehören hierher und welche nicht, in welcher Reihenfolge gehen wir vor? Wie halten wir unsere Ergebnisse fest, und was geschieht später mit den Ergebnissen? Wer entscheidet hier was? Welche Spielregeln gelten? Diese Dinge sollten die Gesprächspartner klären, damit sie ihre Zeit produktiv nutzen können.
Verantwortlich für einen strukturierten Ablauf und dafür, dass die „Geschäftsordnung“ bekannt ist und auch eingehalten wird, ist im Zielvereinbarungsgespräch die Führungskraft. Sie informiert über die Rahmenbedingungen und führt den Mitarbeiter gleichsam durch das Gesprächs-„Programm“.

Sie können das Zielvereinbarungsgespräch auf der Procedere-Ebene positiv beeinflussen, wenn Sie

- sich zu Beginn des Gesprächs mit Ihrem Gesprächspartner auf die Agenda einigen,
- den zeitlichen Rahmen stets im Blick behalten,
- durch Zusammenfassungen den roten Faden des Gesprächs immer wieder sichtbar machen,
- bei komplexen Themen Anregungen zu einem methodisch sinnvollen Vorgehen geben,
- bei Gesprächsstörungen Einigung über das weitere Vorgehen herbeiführen,
- die Gesprächsergebnisse verbindlich dokumentieren.

Dritte Ebene: Beziehungen und Gefühle

Wir sind keine Gesprächsmaschinen. Auch im sachbetonten Zielvereinbarungsprozess nehmen wir eine Beziehung zu unserem Gesprächspartner auf: eine Beziehung der Nähe und Sympathie, eine neutrale, eine distanzierte oder vielleicht auch eine problematische Beziehung.

Immer wieder trifft man Führungskräfte, die möglichst wenig Persönliches in das Berufsleben hineinstrahlen lassen möchten, da dies ihrer Meinung nach nicht dahin gehört. Sie versuchen, sich bei der Arbeit möglichst beziehungslos zu gebärden. Aber eine Nicht-Beziehung gewissermaßen als „neutrale Leerstelle“ gibt es nicht.

Kontaktlosigkeit und Distanz werden von Mitarbeitern meist als Negativ-Beziehung, als Ablehnung, Desinteresse und Abwertung erlebt. Echos auf diese Haltung sind Aussagen wie: *„Die da oben interessieren sich nicht für uns.“* Oder: *„Uns fragt ja keiner.“* Oder auch: *„Der kommt nur, wenn er etwas von uns will.“* Die Folge ist, dass Führungskräfte, die sehr unpersönlich sind, ihrerseits auch von den Mitarbeitern nicht angesprochen werden, wenn diese wichtige Anliegen haben.

Die Kommunikation bleibt oberflächlich mit dem Ergebnis, dass distanzierte Führungskräfte weniger Informationen erhalten als beziehungsstarke Vorgesetzte. Gerade im ohnehin manchmal etwas kühl anmutenden Zielvereinbarungsprozess kann sich eine distanzierte Haltung fatal auswirken und starke Widerstände gegen das Führen mit Zielen auslösen.

Stimmklang, Minenspiel, Körperhaltung und Gestik unseres Gesprächspartners geben oft viel spontaner und genauer an, wie unsere Beiträge von ihm aufgenommen werden, als es allein seine sprachlichen Äußerungen verraten. Ebenso geben unser Tonfall und unsere Körpersprache dem Anderen wichtige Hinweise darauf, wie wir ihn sehen und wie wir zu ihm stehen. Ist unser Tonfall freundlich, ist er entschieden, bestimmt, oder ist er scharf und laut? Ist unsere Körpersprache verschlossen oder schlaff, zeigen wir dem Gesprächspartner, während er sich äußert, die tiefgefurchten Sorgenfalten auf unserer Stirn, oder ver-

mittelt unsere Körpersprache ruhige Aufmerksamkeit, Interesse, einen klaren Blickkontakt und Zeichen der Zustimmung und der Wertschätzung? Unser Gegenüber deutet unsere körpersprachlichen Signale, um zu ergründen, wie wir ihn einschätzen – ob wir dies wollen oder nicht.
Während unserer Ausbildung in Schule und Beruf haben wir uns mit Beziehungen und Emotionen meist nicht sehr intensiv beschäftigt. Die eigenen Gefühle differenziert wahrnehmen, Anerkennung schenken, Befindlichkeiten offen ausdrücken, Konflikte konstruktiv lösen: Dies stand meist nicht in den Lehrplänen. Wie wichtig, oft geradezu erfolgsentscheidend unser Umgang mit Gefühlen für die Bewältigung auch beruflicher Situationen ist, haben die Forschungen gezeigt, die mit dem Trendbegriff der „Emotionalen Intelligenz" verknüpft sind (siehe Goleman 1999): Begeisterungsfähigkeit, Empathie und ein gutes Beziehungsmanagement sind nicht durch intellektuelle Fähigkeiten ersetzbar. Dies gilt insbesondere auch für Zielvereinbarungsgespräche.

Für Mitarbeiter muss erlebbar werden, dass Ziele für die Menschen gemacht sind und nicht Menschen für die Ziele.

Sie können das Zielvereinbarungsgespräch auf der Beziehungs- und Gefühlsebene positiv beeinflussen, wenn Sie

- Ihrem Gesprächspartner zeigen, dass Sie ihn wertschätzen,
- durch Ihr (Gesprächs-) Handeln zeigen, dass Sie partnerschaftlich und in Augenhöhe mit Ihrem Gesprächspartner zu Ergebnissen kommen möchten,
- darauf achten, mit welchen Emotionen Ihr Gesprächspartner seine Ansichten vertritt,
- Ihren Gesprächspartner auch nach seinen gefühlsmäßigen Einschätzungen fragen,
- Ihre eigenen gefühlsmäßigen Regungen beobachten und auch in das Gespräch einbringen,
- gemeinsam mit dem Mitarbeiter ein Bild vom Erreichen des Ziels entwickeln, das positive Gefühle stimuliert,

- ein verlässlicher und vertrauenswürdiger Gesprächspartner sind.

Vierte Ebene: Individuelle Bedürfnisse, Antriebe und Visionen

Unsere individuellen Handlungsmotive, unsere Anlagen, abgelagerte Erfahrungen der Vergangenheit, Bestätigungen, die wir erhielten, erlittene Verletzungen, die Werte, für die wir uns entschieden haben oder die wir vermittelt bekamen, die Glücksbilder unserer Zukunft wirken in unsere Handlungen ein und prägen unser Verhalten gegenüber anderen Menschen. Viele unserer Motive mögen unbewusst sein, und auch unsere bewussten Motive werden wir kaum in einem beruflichen Gespräch vollständig zum Ausdruck bringen können oder wollen. Dennoch wirken unsere persönlichen Antriebe und Visionen in die Gespräche ein, die wir führen. Unseren Argumentationen geben sie Kraft und Richtung.
Unsere Einstellung gegenüber Zielen ist stark durch unser individuelles Motivationsgerüst, unsere gesamte psychische Disposition und unsere Werte geprägt (siehe auch oben Kap. 1.1). Ob ein Mitarbeiter gern auf der Basis von Zielvereinbarungen arbeitet, und welcher Grad von Herausforderung sich gegebenenfalls am besten auf seine Leistung auswirkt, hängt von der individuellen Konstellation vieler Faktoren ab, die nur zu einem Teil mit den spezifischen Bedingungen des jeweiligen Arbeitsplatzes zu tun haben. Auch ob ein Mitarbeiter eher finanziellen Zielen, individuellen Entwicklungszielen oder kundenbezogenen Zielen nachstreben möchte, ist von Person zu Person sehr verschieden.
Motive und Bedürfnisse eines anderen können wir nicht sehen, das heißt wir können sie nicht unmittelbar sinnlich wahrnehmen. Wenn wir sagen, jemand strebt nach Anerkennung, Macht oder Geld, so erschließen wir dies aus dem Verhalten des betreffenden Menschen, aber es bleibt unsere Schlussfolgerung, unsere Hypothese. Wir können uns also irren. Auch wenn uns dieser Mensch über seine Bedürfnisse unterrichtet, bewegen

wir uns zuletzt auf unsicherem Boden. Hat uns der andere richtig und vollständig informiert, und haben wir ihn so verstanden, wie er verstanden werden wollte?

Immer wenn in der Kommunikation die Ebene persönlicher Motive, Werte und Visionen angesprochen ist, ist sehr viel Fingerspitzengefühl angebracht. Wir sollten nicht an Dinge rühren, an die zu rühren uns nicht zusteht. Sind wir zum Beispiel legitimiert, den Mitarbeiter nach seinen persönlichen Zielen zu fragen? – Dies hängt sicherlich wesentlich davon ab, in welcher Beziehung (s.o.) wir zu ihm stehen. Außerdem sollten wir uns vor dem Psychologisieren hüten, also nicht glauben, wir würden die seelischen Gesetzmäßigkeiten kennen, nach denen andere handeln. Wir bleiben dabei stets im Bereich fehlerträchtiger Interpretation.

Die Ebene der ureigenen Antriebe und der persönlichen (Lebens-)Ziele ist im Mitarbeitergespräch am schwersten zugänglich. Wird z.B. eine Mitarbeiterin, die mehr Verantwortung in ihrer Funktion übernehmen möchte und vielleicht Karriereschritte machen möchte, gegenüber ihrem Chef offen über ihren mittelfristigen Kinderwunsch sprechen? Doch auch wenn sie nicht offen angesprochen wird, wirkt die Ebene persönlicher Bedürfnisse entscheidend in die Kommunikation hinein.

Sie können das Zielvereinbarungsgespräch auf der Ebene der individuellen Bedürfnisse, Antriebe und Visionen positiv beeinflussen, wenn Sie

- Verständnis und Toleranz gegenüber dem Lebensentwurf Ihres Gesprächspartners aufbringen,
- die Persönlichkeitssphäre Ihres Gesprächspartners respektieren,
- in Vorleistung gehen und persönliche Beweggründe und Motive kommunizieren (ohne sich selbst herauszustellen),
- den Gesprächspartner auf der Basis einer vertrauensvollen Arbeitsbeziehung nach seinen Motiven, Visionen und Zielen fragen,
- hierbei den anderen nicht überfordern,

- gemeinsam mit Ihrem Gesprächspartner Ziele finden, die seinen Interessen und seiner Disposition entsprechen und die für ihn den richtigen Grad von Herausforderung darstellen.

Aktiv zuhören

Eine der Grundaufgaben konstruktiver Gesprächsführung besteht darin, das Anliegen des Gesprächspartners, die Informationen, die er geben möchte, seine emotionale Befindlichkeit, auch seine etwaigen Vorbehalte und Bedenken genau aufzunehmen und zu verstehen. Nur wenn es der Führungskraft im Gespräch gelingt, die Situation gleichsam mit den Augen des Mitarbeiters zu sehen, nur wenn sich die Führungskraft in die Welt des Mitarbeiters hineindenkt und hineinfühlt, kann sie gemeinsam mit ihm Ziele formulieren, die relevant und motivationssteigernd sind.

Wichtige Aspekte beim aktiven Zuhören

- Genügend Zeit zur Verfügung stellen,
- sich voll auf den Gesprächspartner konzentrieren,
- positiven Blickkontakt halten,
- durch gelegentliche Kurzäußerungen wie *„Hm"*, *„... Verstehe"*, *„ja"* zum Weitersprechen ermuntern,
- Anteilnahme zeigen durch Äußerungen wie *„Erzählen Sie ..."*, *„Das interessiert mich"*,
- unvoreingenommen sein, keine Bewertungen vornehmen (gut – schlecht, effektiv – uneffektiv u.Ä.)
- Anteilnahme zeigen (z.B. *„Das kann ich gut nachvollziehen ..."*),
- den Gesprächspartner ausreden lassen,
- Pausen aushalten,
- Zusammenfassen und Reformulieren wichtiger Partneräußerungen zur Verständnissicherung (z.B. *„Wenn ich Sie richtig verstanden habe, ist es Ihnen also wichtig, dass ..."*),

- rückmelden, wie die Befindlichkeit des Gesprächspartners „ankommt" (z.B. *„Es kommt mir so vor, als würden Sie sich Sorgen machen um ...*").

Fragen stellen

Aus ihrer Sachkompetenz und Erfahrung heraus neigen Führungskräfte manchmal dazu, in Gesprächssituationen schnell in das Muster des Anbietens von Lösungen und des Ratschläge-Gebens zu verfallen – auch dann, wenn noch gar nicht alle Informationen auf dem Tisch liegen. Fragen im Gespräch bewusst einzusetzen hilft, dieses Muster zu verändern und die Mitverantwortung des Mitarbeiters für den Gesprächserfolg zu sichern.

> Fragen heißt, Mitarbeiter als Mitdenkende und Mithandelnde ernst zu nehmen und sie aktiv in Erkenntnis- und Handlungsprozesse einzubinden.

Gerade wenn es Schwierigkeiten bereitet, relevante Ziele zu identifizieren, sind Fragen wertvolle Hilfen für den Zielfindungsprozess.

Fragen zu stellen ist eine der wirksamsten Methoden

- zur Erhöhung der Informationsbasis für Problemlösungen,
- zur Kreation neuer Sichtweisen und Ideen,
- zur Aktivierung des Gesprächspartners,
- zur Gesprächssteuerung,
- zur Konkretisierung der Zielperspektive,
- zur Intensivierung der zwischenmenschlichen Beziehung im Gespräch,
- zur Aufwertung und Motivierung des Gesprächspartners

Im Folgenden soll gezeigt werden, wie Fragen so formuliert und miteinander verknüpft werden können, dass sie das partnerschaftliche Entwickeln wichtiger Ziele im Mitarbeitergespräch optimal unterstützen können.

Fragedramaturgie

Im Gespräch empfiehlt es sich grundsätzlich, die gegenwärtige Situation zunächst in ihrer Komplexität zu erfassen. Hierbei sollten neben objektiven Fakten auch subjektive Aspekte wie Einschätzungen und Empfindungen beleuchtet werden. Danach können Zukunftsszenarien entworfen und konkrete Zielvorstellungen entwickelt werden. Anschließend können Maßnahmen besprochen werden.
Bildlich lässt sich diese Fragedramaturgie wie ein Trichter darstellen.

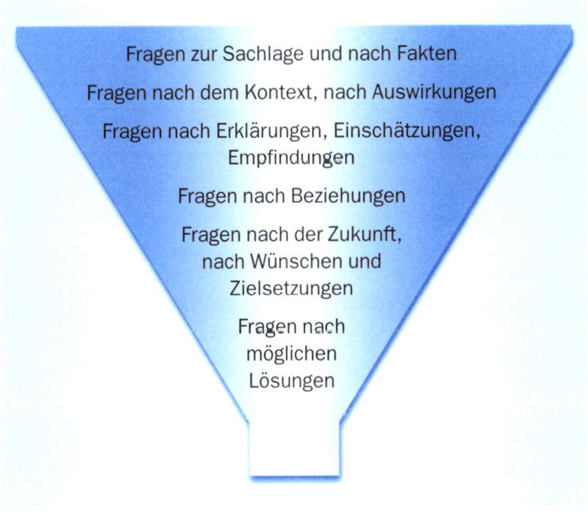

Mögliche Abfolge von Fragen bei der Entwicklung von Zielen im Gespräch

Fragen müssen natürlich nicht immer in der skizzierten Reihenfolge gestellt werden. Der vorgestellte Ablauf beschreibt modellhaft eine Möglichkeit, wie man zum Zweck der Zielentwicklung tiefer in eine Thematik hineinfinden und neue Perspektiven gewinnen kann.

Die im Modell genannten Frageformen seien im Folgenden näher beschrieben.

Fragen zur Sachlage und nach Fakten

Mit Hilfe dieser Fragen erhalten Sie die Informationen, die Sie benötigen, um sich ein genaues Bild von der Situation zu machen.

„Welche Kosten hat der Lieferverzug im letzten Jahr verursacht?"

Fragen zur Sachlage und nach Fakten beziehen sich auf inhaltliche, objektive Aspekte der Situation. Sie eignen sich vor allem als Einstieg in eine Thematik, und es bietet sich immer an, auf sie zurückzugreifen, wenn im Gespräch Informationsbedarf besteht.

Fragen nach dem Kontext und nach Auswirkungen

Diese Fragen verdeutlichen, dass das behandelte Thema nicht isoliert von den umgebenden Verhältnissen betrachtet werden darf, sondern dass wechselseitige Abhängigkeiten, Ursachen und Wirkungen existieren.

„Unter welchen Bedingungen entsteht der Lieferverzug, ... – und wann tritt er nicht auf?"
„Welche Auswirkungen hat der Lieferverzug auf die Kundenbeziehungen?"

Die Komplexität der Thematik tritt durch Kontextfragen hervor. Konsequenzen werden deutlich. Das Problembewusstsein steigt – und damit die Bereitschaft, eine relevante Zielsetzung zur Änderung der Situation zu formulieren.

Fragen nach Erklärungen und nach Einschätzungen

Hier wird der Blick von den Fakten selbst zu den Begründungen und subjektiven Sichtweisen gelenkt, die im Zusammenhang mit den Fakten stehen.

„Worin sehen Sie die Hauptgründe dafür, dass wir unser Ziel ‚Termingerechte Lieferung' bisher nicht erreicht haben?"
„Wie erleben Sie zur Zeit die Motivationslage im Team?"

Durch diese Fragen erfahren Sie, welches innere Bild sich Ihr Gesprächspartner von der Lage macht. Angereichert durch Ihre eigene Einschätzung kann auf diese Weise die Situation eingehender analysiert werden.

Fragen nach der Zukunft und nach Wünschen zur Veränderung der gegebenen Situation

Nachdem die Gesprächspartner die Ist-Situation in ihren verschiedenen Facetten beleuchtet haben, wird die Aufmerksamkeit nun auf erwünschte Zukunftsszenarien gelenkt.

> *„Welche wichtigen Aufgaben sollten wir in Sachen Lieferung im kommenden Jahr bewältigen?“*

Durch Zukunftsfragen wird vor der eigentlichen Zielformulierung die erwünschte Gesamtperspektive erfasst, sodass das Ziel im Kontext einer umfassenderen Betrachtungsweise erscheint.

Fragen nach konkreten Zielsetzungen

Der Gesprächspartner wird aktiviert: Eine Zieldefinition, die er angeregt durch eine Frage selbst vornimmt, wird von ihm sicherlich besser getragen als ein „übernommenes“ Ziel.

> *„Welches konkrete Ziel sollten wir in Sachen ‚pünktliche Lieferung‘ Ihrer Meinung nach ins Auge fassen?“*

Lässt sich das Ziel nicht unmittelbar formulieren, können hypothetische Fragen eine Bücke zu einer sinnvollen Zielformulierung sein.

> *„Stellen Sie sich vor, wir hätten unsere ‚Hausaufgaben‘ in Sachen Lieferung gemacht, was wäre dann anders?“*
> *„Angenommen Sie hätten die Wahl, welches Problem würden Sie zuerst angehen?“*

Fragen nach möglichen Lösungswegen

Oft reicht es aus, gemeinsam eine geeignete Zielformulierung zu erreichen und das Finden eines sinnvollen Lösungsweges dem Mitarbeiter zu überlassen. Fragen nach einer sinnvollen Möglichkeit des Vorgehens können jedoch helfen herauszufinden, ob das Ziel konkret genug formuliert bzw. erfasst wurde. Außerdem können sie dann sinnvoll eingesetzt werden, wenn nötige Ressourcen und Rahmenbedingungen für die Zielerreichung ermittelt werden sollen.

„Haben Sie eine Idee, was sie als erstes unternehmen möchten, um das Ziel zu erreichen?“

Wichtige Aspekte beim Formulieren von Fragen

- Stellen Sie Ihre Fragen wertneutral.
- Fragen Sie in knappen Worten.
- Geben Sie bei ungewöhnlichen Fragen eine Begründung, warum Sie fragen.
- Machen Sie eine Pause, wenn Sie gefragt haben; lassen Sie Ihrem Gesprächspartner Zeit zum Nachdenken.
- Stellen Sie nicht mehrere Fragen auf einmal.

Verständlich informieren

Gerade in Zielvereinbarungsgesprächen besitzt die Führungskraft zunächst einen Informationsvorsprung gegenüber dem Mitarbeiter. Über die Unternehmensstrategie, die im Zielvereinbarungsgespräch in konkrete Mitarbeiterziele übersetzt werden soll, wurde sie – so sollte es zumindest sein – bereits im Vorfeld des Gesprächs informiert; wichtige Eckpunkte der Strategie sollen dem Mitarbeiter im Gespräch vermittelt werden, damit sinnvolle Ziele festgelegt werden können.

Indem die Führungskraft ihren Informationsvorsprung soweit wie möglich abbaut, vermittelt sie dem Mitarbeiter das Gefühl von Transparenz und Sicherheit; sie minimiert den Raum für Spekulationen und haltlose Befürchtungen hinsichtlich möglicher kritischer Entwicklungen.

Auf der Grundlage einer transparenten Situation kann der Mitarbeiter selbst Prioritäten setzen und seine Aktivitäten zielorientiert strukturieren. Die Qualität des Gesprächs hängt entscheidend davon ab, wie gut, das heißt wie verständlich und klar die Führungskraft Informationen vermittelt.

Als Orientierung für verständliches Informieren hat sich das Verständlichkeitsmodell von Langer und Schulz von Thun bewährt, dessen wesentliche Elemente in der folgenden Abbildung zusammengefasst sind.

Einfachheit	**Gliederung / Ordnung**
◆ kurze Sätze ◆ bekannte, dem Partner geläufige Worte ◆ Fremdworte werden erklärt ◆ Anschaulichkeit und Konkretheit	◆ Ankündigung, wie das Gesagte aufgebaut sein wird ◆ logischer Aufbau ◆ Unterscheidung von Wesentlichem und Unwesentlichen ◆ Zusammenfassungen ◆ Überleitung von einem Gedanken zum nächsten
Kürze / Prägnanz	**Zusätzliche Anregung**
◆ auf das Wesentliche beschränkt ◆ auf das Ziel konzentriert ◆ keine Abschweifungen	◆ Anreicherung durch Beispiele ◆ Nutzung von Bildern und Vergleichen ◆ Anrede, Motivierung des Partners ◆ Bezug auf Erfahrungen des Partners

Das „Verständlichkeitsfenster“ von Langer und Schulz von Thun

Wichtige Aspekte beim Informieren

- Sinnvoll selektieren – lange Monologe vermeiden.
- Den Gesprächspartner da abholen, wo er sich gerade befindet – Vorerfahrungen einbeziehen und Informationsbedürfnisse berücksichtigen.

- Das Gesagte sinnlich erfahrbar machen – Durch Worte konkrete Bilder entstehen lassen.
- Betroffenheit zeigen – welche Bedeutung haben die vermittelten Informationen für Sie persönlich?
- Informationen ankoppeln: Welche Bedeutung haben die vermittelten Fakten für den Gesprächspartener?
- Den Gesprächspartner zu Rückfragen ermuntern.

Feedback geben und empfangen

Die Bezeichnung „Feedback" entstammt der Kybernetik und bedeutet „Rückkopplung". Feedback ist eines der wichtigsten Hilfsmittel, dem anderen sachliche Hinweise zu seinem Leistungsstand zu geben und ihm mitzuteilen, wie sein Verhalten auf uns wirkt.
Führungskräfte und Mitarbeiter sind oft überrascht darüber, wie ihr Verhalten bei anderen ankommt.

> Wer die eigene Wirkung auf andere indessen kennt, kann das eigene Handeln besser situationsangepasst steuern und dadurch zielorientierter vorgehen.

Gerade bei der Beurteilung der Leistung des Mitarbeiters, aber auch im Prozess der Vereinbarung von Zielen hat offenes Feedback eine klärende Wirkung.

„Durch die von Ihnen angeregten Verbesserungen im Produktionsprozess konnten wir in diesem Jahr 500 000 Euro sparen."

„Ich merke, Sie zögern, einen konkreten Terminvorschlag anzubieten. Kann es sein, dass Sie mit der Zielformulierung noch nicht einverstanden sind?"

„Wir sprechen bislang ausschließlich über Ihren Vorschlag und ich befürchte, dass wir zu keinem machbaren Ergebnis kommen werden, wenn wir nicht die Vorgaben des Managements mit in unsere Überlegungen einbeziehen."

„Es freut mich, dass Sie im nächsten Jahr so anspruchsvolle Ziele erreichen möchten."

Regeln für das Geben von Feedback

- Konkrete Beobachtungen benennen, das Verhalten des Mitarbeiters beschreiben.
- Den Mitarbeiter wissen lassen, welche Reaktionen und Empfindungen das Verhalten bei Ihnen ausgelöst hat.
- Eigene Gefühle artikulieren – hierzu Ich-Borschaften nutzen: *„Es hat mich geärgert, dass …“, „Ich bin irritiert über …“, „Ich war sehr zufrieden, als Sie …“*
- Eigene Ziele und Wünsche klar äußern.
- Auf Wertungen und Verurteilungen verzichten.
- Feedback nur zu begrenzten, veränderbaren Verhaltensweisen geben.
- Feedback sobald wie möglich geben; direktes Feedback statt „globaler Abrechnung“.
- Passende Situation wählen – Gesichtsverlust des Gesprächspartners vermeiden.
- Differenziertes Feedback vor allem auch zu positiven Verhaltensweisen geben (= Anerkennung).

Ebenso wichtig wie das Feedback, das die Führungskraft gibt, ist auf der anderen Seite das Feedback, das sie von ihren Mitabeitern erhält. Partnerschaftliche Gespräche setzen voraus, dass Feedback keine Einbahnstraße ist, sondern von beiden Gesprächspartnern freimütig geäußert und entgegengenommen werden kann.

Viele Unternehmen widmen dem Feedback an den Vorgesetzten daher einen eigenständigen Besprechungspunkt in ihren Leitfäden zum Mitarbeitergespräch: Auch die Führungskraft soll Gelegenheit bekommen, anhand der Rückmeldung durch die Mitarbeiter das eigene Verhalten zu überprüfen und gegebenenfalls zu verändern.

Ein Vorgesetzter allerdings, der auf eine kritische Rückmeldung eines Mitarbeiters mit Rechtfertigungen oder gar Sanktionen reagiert, wird mit einer solchen Rückmeldung vermutlich in Zukunft nicht mehr rechnen dürfen. Er wird künftig also weniger Informationen bezüglich der Wirkungen seines Handelns auf andere erhalten – und darüber hinaus vermutlich eine „frostigere“ Atmosphäre in Mitarbeitergesprächen vorfinden. Auch für das Empfangen von Feedback haben sich daher einige Grundsätze bewährt.

Regeln für das Empfangen von Feedback
- Zuhören, zuhören, zuhören und das Feedback aufnehmen.
- Nicht rechtfertigen, nicht argumentieren.
- Nachfragen, wenn man etwas nicht verstanden hat.
- Dank für das Feedback zum Ausdruck bringen und gegebenenfalls Denkpause einlegen.
- Entscheiden, was man beibehalten, verändern oder zunächst weiter an sich beobachten möchte.
- Dem Feedback-Geber später Rückmeldung darüber geben, was sein Feedback bewirkt hat.

Aufforderungen angemessen aussprechen

Wer kennt nicht Vorgesetzte, die sagen, *„Man müsste mal …“* oder *„Wir sollten endlich …“*, Vorgesetzte, die lange um den heißen Brei herumreden, ohne klar zu äußern, wer sich konkret um was kümmern soll.
Aber gerade im Zielvereinbarungsgespräch sind Vagheiten nicht angebracht, und manches ist vielleicht schlicht auch nicht verhandelbar. Bestimmte Zielsetzungen des Unternehmens liegen klar auf der Hand, sie zu erreichen ist unter Umständen überlebensnotwendig; jeder Mitarbeiter muss hier seinen Beitrag leisten, damit der gewünschte Erfolg eintritt. – Es gibt keinen anderen Weg: Entsprechende Bitten oder auch Aufforderungen müssen offen ausgesprochen werden.
Die Empfehlung lautet hier einfach:

Sagen Sie klar, was Sie wollen.

„Ich möchte gern, dass Sie im kommenden Jahr die Anzahl der Kundenbeschwerden in Ihrem Bereich halbieren.“

So eine direkte Aufforderung kann natürlich recht schroff wirken und Widerstand hervorrufen, und es stellt sich die Frage, wie man kollegial und dennoch deutlich seine Wünsche zum Ausdruck bringt, und zwar so, dass man gute Chancen hat, den Gesprächspartner zur angeregten Handlung zu bewegen.

Wichtige Aspekte beim Aussprechen von Aufforderungen

- Zunächst selbst eine klare Vorstellung vom eigenen Wunsch entwickeln – innere Eindeutigkeit herstellen.
- Bitten und Aufforderungen wertschätzend vortragen (in Ton und Wortwahl).
- Aufforderungen begründen (Warum ist es z.B. so wichtig, dass das von Ihnen eingebrachte Ziel in die Zielvereinbarung aufgenommen wird?).
- Unterschwellige Vorwürfe vermeiden, um das Gesprächsklima nicht zu beeinträchtigen (z.B. *„Diesmal möchte ich den Bericht aber vollständig bekommen.“*)

Lösungsorientiert kommunizieren

Gerade wenn die Besprechung komplexer Themen in eine sinnvolle Zielformulierung münden soll und wenn im Gespräch Probleme gelöst werden sollen, bietet die Orientierung an einer strukturierten Folge von Arbeitsphasen eine gute Hilfestellung für ein konstruktives Vorgehen.
Das im Folgenden dargestellte fünfstufige Problemlösungsmodell hat sich in den verschiedensten Zusammenhängen (Problemlösung, Konfliktbearbeitung, Verhandlungsführung) bewährt.

Fünf Schritte lösungsorientierter Kommunikation

1. Das Problem (Soll-Ist-Differenz) und bisherige Lösungsversuche analysieren
   „Worin besteht das Problem?“
   „Was wurde bisher schon unternommen, um das Problem zu lösen?... mit welchem Ergebnis?“

„Tritt das Problem immer auf? ... unter welchen Voraussetzungen tritt es nicht auf?“

2. Lösungsalternativen sammeln – Ideenfindung
   „Auf welche Weise könnten wir das Ziel erreichen?“
   „Gibt es Alternativen, die wir noch nicht in Betracht gezogen haben?“
3. Alternativen bewerten
   „Welche Kriterien sollten wir bei der Entscheidungsfindung heranziehen?“
   „Welche Lösungsmöglichkeit verspricht den größten Erfolg?“
4. Entscheidung treffen
   „Können wir festhalten, dass wir zunächst den Lösungsweg X ausprobieren?“
5. Konkrete Maßnahmen vereinbaren
   „Welche konkreten ersten Schritte sollten wir verabreden?“

Wichtige Aspekte bei der lösungsorientierten Kommunikation

- Beginnen Sie erst dann nach Lösungen zu suchen, wenn Einigkeit über die Problemlage besteht.
- Achten Sie auf eine klare Trennung der Phase der Ideenfindung von der Bewertungsphase – Korrekturen und Kritik im zu frühen Stadium untergraben die Bereitschaft des Gesprächspartners, sich weiterhin kreativ einzubringen.
- Richten Sie die Energien im Fortgang des Gesprächs in Richtung Lösung – Rechtfertigungen und Schuldeingeständnisse führen zu nichts außer zu einer Verschlechterung des Gesprächsklimas.
- Bitten Sie den Mitarbeiter zuerst um seine Lösungsideen, bevor Sie selbst Anregungen einbringen; dies aktiviert den Gesprächspartner und stärkt sein Bewusstsein dafür, entscheidend für die Lösungsfindung mit verantwortlich zu sein. Setzen Sie hierzu unterstützend die aktivierenden Gesprächsmittel des Fragens und des aktiven Zuhörens (s.o.) ein.

- Praktizieren Sie positives Denken – zeigen Sie sich fest davon überzeugt, dass es eine Lösung gibt und dass die Frage nur darin besteht, wie die Lösung aussehen soll.

3.8 Schwierige Situationen und Konflikte im Zielvereinbarungsgespräch

Zielvereinbarungsgespräche sind konfliktträchtig. Wahrnehmungs- und Bewertungsunterschiede zeigen sich schnell, wenn über die Arbeitsergebnisse des letzten Jahres gesprochen wird. Harmoniekleister findet keinen Halt, wenn erwartete Leistungen messbar formuliert und künftige Ergebnisse dadurch besser kontrollierbar werden. Interessengegensätze, die Furcht vor Misserfolg, unbeglichene alte Rechnungen, das Unbehagen in einer vielleicht entscheidend von hierarchischer Macht geprägten Kultur manifestieren sich in offen und verdeckt ausgetragenen Konflikten, wenn über Benotungen und Boni entschieden wird und wenn verbindliche (Selbst-)Verpflichtungen für das kommende Jahr fixiert werden.
Gerade wenn die Organisation unter Druck steht und diesen Druck logischerweise an die Mitarbeiter weitergibt (denn durch wen, wenn nicht durch die Mitarbeiter, wird das Ruder herumgerissen und das Unternehmen wieder auf Erfolgskurs geführt?), muss davon ausgegangen werden, dass Gegendruck entsteht. Er zeigt sich durch Rückzug und Verweigerungshaltung oder direkt durch das Einnehmen von Gegenpositionen, die mit hohem Einsatz vertreten werden.

Typische Konfliktanzeichen im Zielvereinbarungsgespräch

- Der Mitarbeiter akzeptiert nicht die von der Führungskraft vorgenommene Bewertung der Zielerreichung.
- Der Mitarbeiter ist nicht bereit, ein für die Organisation strategisch wichtiges Ziel in den eigenen Zielkatalog aufzunehmen.
- Es wird keine gemeinsame Sprachregelung für die Formulierung eines Ziels gefunden.

- Ziele werden von der Führungskraft und dem Mitarbeiter verschieden priorisiert.
- Dem Mitarbeiter fallen keine Ziele ein.
- Der Mitarbeiter hält das Festschreiben von Zielen für unnötig.
- Der Mitarbeiter ist außergewöhnlich wortkarg.
- Das Gesprächsklima ist gedrückt oder aufgeheizt bzw. es verschlechtert sich zusehends.

Das Auftreten dieser Konfliktanzeichen ist nicht unbedingt negativ zu sehen; denn diese Anzeichen werfen Fragen auf:

„Habe ich meine Leistungsbeurteilung genügend durch konkrete Wahrnehmungen nachvollziehbar gemacht?"

„Liegen wir mit unseren Zielen richtig?"

„Fordere ich Unerreichbares?"

„Haben wir die Mitarbeiter von der Wichtigkeit von Zielvereinbarungen genügend überzeugen können?"

„Stimmt die Arbeitsbeziehung noch oder ist der aktuelle Konflikt Ausdruck einer tiefer liegenden Störung des Kontaktes zum Mitarbeiter?"

Diese Fragen können sehr wertvoll sein.

Konflikte zeigen, wo Probleme gelöst werden müssen, und sie können – richtig angegangen – Kreativität freisetzen.

Entscheidungen, um die man gemeinsam gerungen hat, gelten nicht umsonst in aller Regel als gut fundiert und nachhaltig. Dass Konflikte produktiv sein können, ist dabei keine neue Erkenntnis: Dialektisches Denken basiert seit der Antike darauf, durch den Widerstreit der Kräfte und Meinungen die Wahrheit ans Licht zu bringen und Fortschritt zu generieren.

Die fünf Konfliktstile

Was tun, wenn Konflikte auftreten? Grundsätzlich lassen sich fünf Arten des Umgangs mit Konflikten – sie werden auch Konfliktstile genannt – beobachten.

Kämpfen

Man möchte um jeden Preis gewinnen, den Gegner niederringen. Die eigenen Interessen sollen durchgesetzt werden. Es wird also einen Gewinner und einen Verlierer geben.

Anpassung, Unterwerfung, Harmonisierung

Man gibt nach um des lieben Friedens willen. Vielleicht glätten sich die Wogen wieder. Vielleicht kommt ein günstigerer Zeitpunkt, die eigenen Interessen ins Spiel zu bringen. Man ist bereit zu verlieren, um persönliche Beziehungen nicht zu gefährden.

Vermeidung und Verdrängung

Der Konflikt wird nicht wahrgenommen bzw. ausgeblendet. Man verlässt den Kampfplatz, aus Angst vor dem Gegner oder aus Klugheit. Vielleicht bietet sich bald eine günstigere Gelegenheit für den eigenen Angriff.

Verhandeln und Kompromissbildung

Man versucht zwischen den entgegengesetzten Positionen zu vermitteln, indem man sich „auf halbem Wege" entgegenkommt. Ziel ist es, die Sache schnell vom Tisch zu bekommen. Gearbeitet wird mit den bekannten Argumenten.
Es könnte aber passieren, dass dabei ein „fauler Kompromiss" herauskommt. Keine der beiden Parteien gewinnt dann wirklich.

Zusammenarbeit und Problemlösung

Man wendet sich ernsthaft den Interessen und Bedürfnissen des Konfliktpartners zu, ohne die eigenen Zielsetzungen zu verleugnen. Es soll eine Lösung erarbeitet werden, die beide Seiten auf bestmögliche Weise zufrieden stellt. Dies nennt man auch die „Jeder-gewinnt-Methode" (s. Gordon 1990). Die Beteiligten engagieren sich in starkem Maße.
Das Ergebnis kann eine Lösung sein, die kreativer ist und weiter reicht als die ursprünglich verfolgten Ziele.

Die ersten drei genannten Konfliktstile scheiden in Zielvereinbarungsgesprächen im Wesentlichen aus.
Es mag in Krisensituationen zwar manchmal notwendig sein, ein unternehmensnotwendiges Ziel ohne Verhandlungsspielraum vorzugeben; in aller Regel wird der Mitarbeiter jedoch ein von der Führungskraft erkämpftes, durchgesetztes Gesprächsresultat nicht akzeptieren und in der Folge auch nicht motiviert an der Zielerreichung mitarbeiten.
Andererseits bringt die Verliererstrategie des Anpassens an den Mitarbeiterwillen – außer wenn ein vom Mitarbeiter vorgeschlagenes Ziel ambitiöser ist als das von der Führungskraft eingebrachte – das Unternehmen seinen wesentlichen strategischen Zielsetzungen nicht näher.
Vermeidung und Verdrängung blockieren relevante Zielformulierungen und schüren ein Ausweichen auf irrelevante Nebenschauplätze.
Zielvereinbarungen lassen kaum Zeit zum Aussitzen von Problemen. Bei nicht erstrangigen Zielen kann die Kompromissbildung manchmal eine akzeptable Variante sein (auch wenn das Ergebnis suboptimal sein mag; aber dafür ist das Problem erst einmal gelöst).

Wirklich zu empfehlen ist aber nur der fünfte der beschriebenen Konfliktstile:

> Treten Konflikte bei der Vereinbarung wirklich wichtiger Ziele auf, sollte man zunächst unbedingt versuchen, die Bedürfnisse des Gesprächspartners genau zu verstehen.
> Erst dann sollte man die eigenen Bedürfnisse bzw. die des Unternehmens deutlich artikulieren, um im nächsten Schritt die verschiedensten Lösungsvarianten auf ihre Tauglichkeit hin zu prüfen und sich für die beste zu entscheiden.

Es empfiehlt sich bei der Konfliktlösung ein dreistufiges Vorgehen.

Konfliktlösung in drei Schritten

1. Den Standpunkt der Gegenseite erkunden

Das heißt zuhören, nicht unmittelbar dem eigenen Argumentationsdrang nachgeben, der anderen Seite Zeit geben, den eigenen Standpunkt zu entwickeln – Ruhe in den Prozess hineinbringen.

2. Den eigenen Standpunkt deutlich vermitteln

Das heißt klarmachen, wo die eigenen Interessen liegen und was man aus welchem Grunde erreichen möchte; Ziel ist in dieser Phase, die eigene Sichtweise für den Anderen nachvollziehbar werden zu lassen, was aber nicht bedeutet, dass jener sie billigen muss.

3. Eine gemeinsame Lösung entwickeln

Dies gelingt nicht immer. Wo um die Verteilung eines knappen Gutes gestritten wird, z.B. die Vergabe einer interessanten Position, für die es mehrere Bewerber gibt, kann es nicht immer Kompromisse geben; einer macht am Ende das Rennen. (Eine Bitte an den Gewinner: Nicht triumphieren!) – Aber wo es geht, sollte man nach neuen, gemeinsam getragenen kreativen Lösungen suchen.

Wie das geht? Dazu sei auf die fünf Schritte der lösungsorientierten Kommunikation im vorangegangenen Abschnitt verwiesen.
Die größte Gefahr beim Auftreten von Konflikten besteht darin, dass sie eskalieren. Aggressive Gefühle gewinnen Überhand, die Stimmen erheben sich, durch verbale Entgleisungen entstehen Verletzungen, die nicht mehr heilbar sind; etwas bleibt zurück. Pauschale Abwertungen des Konfliktgegners, Vorwürfe und Drohungen sind typischer Ausdruck dieser Tendenz und Alarmzeichen, die man nicht überhören sollte.

> Das Fundament der Konfliktlösung ist die Fähigkeit, aktiv zur Deeskaltation beizutragen. Deeskalation ist die Grundvoraussetzung für vernünftige Lösungen.

Praktische Hinweise für das Führen von Konfliktgesprächen

- Sich genügend Zeit nehmen; für möglichst entspannten Rahmen sorgen
- Deeskalationsstrategien anwenden:
  - Konsequenzen bedenken, nicht übereilt handeln
  - Beschränkung auf den konkreten Konfliktfall; keine Beleidigungen, keine pauschale Abwertung des Gesprächspartners
  - Nicht zu empfindlich sein; Ausrutscher des anderen in gewissen Grenzen tolerieren
  - In der Sache klar sein und den eigenen Standpunkt deutlich vertreten; nicht um den heißen Brei herumreden
  - Einigung anstreben; Gewinner/Verlierer- Situationen vermeiden
- Tiefer liegende Interessen des Gesprächspartners erkunden; Hintergründe erfragen (sie liefern oft den Schlüssel für neue Optionen)
- Mit Informationen freigiebig sein, um Spekulationen vorzubeugen
- Beiträge klar strukturieren; dies erhöht die Nachvollziehbarkeit des eigenen Standpunktes
- Eigene Interessen und Ziele offen legen, sich an Kooperation interessiert zeigen
- Gemeinsamkeiten betonen, bevor über das Trennende gesprochen wird
- Die eigenen Gefühle in Form von Ich-Botschaften ausdrücken; den Gesprächspartner nach seinen Gefühlen fragen
- Stimme und Atmung ruhig und entspannt halten, um den Konflikt emotional nicht unnötig aufzuladen

- Angebote machen, einen Schritt auf den Gesprächspartner zugehen, um das Interesse an einer gemeinsamen Lösung zu zeigen
- Erscheinen neue Fakten, die sich nicht ohne weiteres einordnen lassen oder fehlen dem Gespräch Impulse, Denkpause einlegen und neuen Termin vereinbaren
- Nicht nur Aktivitäten zur Lösung vereinbaren, sondern auch Spielregeln, die helfen, ein Wiederauftreten des Konflikts zu vermeiden.

Interventionsmöglichkeiten bei sich abzeichnenden Konflikten im Zielverienbarungsgespräch

Zurück zu den eingangs genannten typischen Konfliktanzeichen im Zielvereinbarungsgespräch:

Der Mitarbeiter akzeptiert nicht die von der Führungskraft vorgenommene Bewertung der Zielerreichung nicht.

- Bewertungsvorschlag des Mitarbeiters erfragen
- Nach stützenden Wahrnehmungen fragen
- Eigene Wahrnehmungen beschreiben und Mitarbeiter bitten, sich dazu zu äußern
- Klar rückmelden, ob (Verhandlungs-) Spielraum bezüglich der Bewertung besteht oder nicht
- Lässt sich keine Einigung erzielen, Denkpause erbitten und neuen Termin vereinbaren
- Besteht kein Bewertungsspielraum, für den neuen Vereinbarungszeitraum besondere Unterstützung bei den negativ beurteilten Aspekten anbieten.

Der Mitarbeiter ist nicht bereit, ein für die Organisation wichtiges Ziel in den eigenen Zielkatalog aufzunehmen.

- Mit nachvollziehbaren, objektiven, transparenten Argumenten begründen, warum das Ziel so wichtig ist

- Nach Alternativen fragen
- Notfalls standhaft bleiben, keinen Präzedenzfall schaffen

Es wird keine gemeinsame Sprachregelung für die Formulierung eines Ziels gefunden.

- Relevanz und Evidenz des Ziels überprüfen und an Kriterien festmachen
- Einigung erzielen über die Vervollständigung des Satzes *„Das Ziel ist erreicht, wenn ...“*
- Formulierung des Ziels aussetzen (später im Gespräch nochmals erneuten Versuch machen)
- Fragen, ob der Mitarbeiter mit dem betreffenden Zielbereich Schwierigkeiten hat; ggf. dort Problemlösung ansetzen

Ziele werden von der Führungskraft und dem Mitarbeiter verschieden priorisiert.

- Kriterien sammeln und gewichten
- Intuitionen für Gewichtungsverschiebungen auf der Zeitachse und gefühlsmäßigen Aspekten Raum geben
- Sich beweglich zeigen

Dem Mitarbeiter fallen keine Ziele ein.

- Nach beruflichen Interessengebieten und Lieblingsaufgaben fragen; gemeinsam prüfen, ob sich daraus für das Unternehmen Chancen ergeben
- Gegebenenfalls Mitarbeiter bitten, über mögliche Zielperspektiven nachzudenken und neuen Termin vereinbaren
- Einschätzung des Instrumentes „Führen mit Zielvereinbarungen“ erfragen
- Fragen, ob der Mitarbeiter Probleme mit dem Thema Zielvereinbarungen hat/ob er das Festschreiben von Zielen für unnötig hält (s.u.)

Der Mitarbeiter hält das Festschreiben von Zielen für unnötig.

- Verständnis für den Zweifel an Zielvereinbarungen zeigen

- Prüfen, ob Zielvereinbarungen in dem Fall sinnvoll und notwendig sind (Verbindlichkeit von „Führen mit Zielvereinbarungen" in der Organisation; Prognose, ob eine Zielvereinbarung die Leistung tatsächlich verbessern wird)
- Bei Sinnhaftigkeit der Zielvereinbarung: Zentrale Argumente anführen, unter anderem Gleichbehandlungsgrundsatz (z.B. im Arbeitsbereich)

Der Mitarbeiter ist außergewöhnlich wortkarg.

- Einschätzung des Instrumentes „Führen mit Zielvereinbarungen" erfragen
- Reflektieren/fragen, ob derzeit eine – vielleicht anders begründete – Motivations- oder Klimastörung vorliegt
- Mitarbeiter fragen, wie er das Gespräch empfindet
- Persönlichen Eindruck von dem Gespräch zurückspiegeln
- Fragen, ob der Mitarbeiter Probleme mit dem Thema Zielvereinbarungen hat … (s.o.)

Das Gesprächsklima ist gedrückt oder aufgeheizt bzw. es verschlechtert sich zusehends.

- Störung thematisieren und nach Einschätzung des Mitarbeiters fragen (Beziehungs- bzw. Metakommunikation)
- Gegebenenfalls vorhandenen Konflikt – möglichst gemeinsam – herausarbeiten *(„Was stimmt gerade nicht?")* und Lösungswege suchen
- Problem/Konflikt als wichtige Lernchance herausstellen (Reframing); Mitarbeiter persönliche Wertschätzung zeigen

Wenn es beim Dissens bleibt …

Können sich Mitarbeiter und Führungskraft im Zielvereinbarungsgespräch nicht auf eine gemeinsame Sichtweise sowie auf gemeinsam getragene Ziele einigen und helfen auch die beschriebenen Konfliktlösungsstrategien nicht, sollte ein abgestuftes Vorgehen gewählt werden:

Es empfiehlt sich zunächst, eine Denkpause von einigen Tagen einzulegen und sich dann nochmals zum Gespräch zu treffen.
Ist auch beim zweiten Treffen keine Einigung möglich, kann im folgenden Schritt der nächsthöhere Vorgesetzte als Moderator und Schlichter hinzugerufen werden, um eine einvernehmliche Lösung zu erzielen.
In den Klärungsprozess können auch ein Mitarbeiter aus der Personalabteilung und auf Wunsch des Mitarbeiters ein Mitglied des Betriebsrats einbezogen werden.

Auf den Punkt gebracht:

So können im Zielvereinbarungsgespräch konsensfähige, motivierende und überprüfbare Ziele entwickelt werden.

- Zielvereinbarungsgespräche sollten in der Unternehmensorganisation fest institutionalisiert sein. Mitarbeiter und Führungskraft sollten sich mit entsprechendem zeitlichen Vorlauf gründlich darauf vorbereiten.
- Da Zielvereinbarungsgespräche verbindliche und unter Umständen weitreichende Konsequenzen nach sich ziehen, sollten die Teilnehmer alle kommunikativen Ebenen wahrnehmen, um den Standpunkt des Gesprächspartners wirklich nachvollziehen zu können. Im Sinne des hier nötigen offenen und kostruktiven Dialoges sollte auf handwerklich professionelle Kommunikation Wert gelegt werden.
- Einschätzungen, Bewertungen und Erwartungen in Bezug auf Leistungsverhalten und Zielsetzungen sollten nicht einfach in den Raum gestellt, sondern dem Gesprächspartner gegenüber immer nachvollziehbar begründet werden. Das gilt gleichermaßen für Mitarbeiter und Führungskraft.
- Konflikte im Zielfindungsprozess sollten einvernehmlich gelöst werden. Weder Machtworte noch faule Kompromisse sind geeignet, für die in Frage stehende Arbeitsperiode eine konstruktive Grundlage zu schaffen, die es allen Beteiligten erlaubt, motiviert und produktiv unternehmerische und persönliche Ziele zu verfolgen.
- Zielfestlegungen, über die Einigkeit erzielt worden ist, müssen sich an der Frage messen und bewerten lassen können: *„Woran werden wir konkret erkennen können, dass wir unser Ziel erreicht haben?“*
- Der jeweilige Stand der Zielerreichung sollte nach dem Gespräch im Zuge des laufenden Tagesgeschäfts kontinuierlich überprüft und im Falle von Fehlentwicklungen situationsangepasst und in institutionaliserten Meilensteingesprächen thematisiert werden.

4 Gesprächs-dokumentation

Schriftlichkeit schafft Verbindlichkeit

Die Dokumentation des Zielvereinbarungsgesprächs und die Ablage der Gesprächsprotokolle wird von Unternehmen zu Unternehmen recht unterschiedlich gehandhabt. Dass die Gesprächsergebnisse schriftlich festgehalten werden, ist mit Blick auf die Wichtigkeit der Zielvereinbarungen selbstverständlich unabdingbar. Die Schriftlichkeit unterstützt die Verbindlichkeit der getroffenen Verabredungen und Missverständnisse werden vermieden.

Die Frage der Aufbewahrung der Gesprächsprotokolle wird immer wieder intensiv diskutiert.

> In jedem Falle sollten die Führungskraft und der Mitarbeiter eine Kopie des Protokolls erhalten. Da das Zielvereinbarungsgespräch strategische Relevanz besitzt, ist es darüber hinaus mehr als nahe liegend, das Ergebnis oder Bestandteile des Ergebnisses auch dem nächsthöheren Vorgesetzten und der Personalabteilung zugänglich zu machen.

Dies betrifft vor allem folgende Aspekte:

- Die vereinbarten Ziele müssen in der Organisation hinsichtlich ihrer Realisierbarkeit und möglicher laufender Umfeldveränderungen diskutierbar sein.
- Individuell besprochene Entwicklungsbedarfe müssen in der Personalabteilung zusammengeführt werden, damit zum Beispiel Weiterbildungsbedarfe durch geeignete Personalentwicklungsmaßnahmen abgedeckt werden können.
- Die Höhe von Bonuszahlungen, die aus der Erreichung der für das vergangene Jahr vereinbarten Ziele resultieren (bei Zielvereinbarungssystemen mit variablen Vergütungsbe-

standteilen), muss ohnehin in der Organisation kommuniziert werden, damit die Auszahlung erfolgen kann.

Aus guten Gründen wird bei ähnlich gelagerten Instrumentarien der Mitarbeitergesprächsführung – zum Beispiel beim Mitabeiterjahresgespräch mit seinen verschiedenen Facetten (vgl. z.B. Nagel u.a. 1999) – davon abgeraten, den nächsthöheren Vorgesetzten über die Gesprächsinhalte zu informieren und/oder das Gesprächsprotokoll in der Personalakte abzulegen.
Dieser Empfehlung kann grundsätzlich gefolgt werden, wenn das Gespräch überwiegend die Führungsbeziehung zwischen Vorgesetztem und Mitarbeiter fokussiert und wenn es ein deziertes Feedback zur vom Mitarbeiter erlebten Führungskompetenz des Vorgesetzten enthalten soll. Die Offenheit des Gesprächs und die gewünschte vertrauensvolle Atmosphäre könnte unter der Weitergabe des Protokolls an „höhere Stellen" in der Tat empfindlich leiden.
Bei der Gestaltung des Gesprächs-„Instrumentes" für Zielvereinbarungen ist daher zu überlegen, ob die Arbeitsbeziehung in den Kanon der offiziellen Gesprächsthemen aufgenommen werden soll. Wenn ja, könnte es eine sinnvolle Lösung sein, jeweils Bestandteile des Gesprächsprotokolls separat an die zuständigen Stellen weiterzugeben (z.B. Beurteilung der Zielerreichung und neu vereinbarte Ziele; Entwicklungsbedarfe).

4.1 Das richtige Maß

In der Praxis werden sehr verschiedene Arten von Gesprächsbögen eingesetzt. Kernfrage ist hier, welcher Formalisierungsgrad gewählt wird; die Spannweite lässt sich wie folgt umreißen:

Hoher Formalisierungsgrad

Abfolge der Themen (Rückschau mit Beurteilung, Vorausschau mit operationalisierter Zielvereinbarung, Entwicklungsmaßnahmen) und einzelne zu bearbeitende Fragen (z.B. aus den Leitfragen zur Gesprächsvorbereitung, s.o. Kap. 3.2) werden bis ins Detail vorgegeben; die Antworten müssen vollständig dokumentiert werden.

Vorteile:

Umfassendes Bild, gute Nachvollziehbarkeit des Gesprächs; Bogen hat zugleich Leitfadencharakter; gleichmäßige Praxis der Gesprächsführung in der gesamten Organisation

Nachteile:

Oftmals zu lange, ermüdende Gespräche; Starrheit der Gesprächsführung; Gefühl übersteigerter Kontrolle (bei beiden Gesprächspartnern); Gesprächpartner verlieren den unmittelbaren Kontakt zueinander und fixieren sich zu stark auf die Abarbeitung des Gesprächsformulars.

Niedriger Formalisierungsgrad

Nur Eckpunkte werden vorgegeben (Beurteilung der Zielerreichung; neue Ziele; Entwicklungsbedarfe).

Vorteile:

Die Gesprächsführung kann flexibel gehandhabt werden; man kann sich auf das Wesentliche konzentrieren.

Nachteile:

Möglicherweise kann es zu mangelnder Orientierung über die Gesprächsstruktur kommen, sodass wesentliche Punkte vergessen werden; auch besteht die Gefahr, dass Ziele nicht hinreichend operationalisiert werden (z.B. konkretes Messkriterium).

Grundsätzlich sollte jede Organisation ihren eigenen Ablauf für das Zielvereinbarungsgespräch entwickeln. Zu berücksichtigende bereits vorhandene Instrumentarien (z.B. Entwicklungsgespräche, vorhandene Zielnomenklaturen), die Unternehmenskultur, die kommunikative Kompetenz der Mitarbeiter und der Führungskräfte stellen sich von Fall zu Fall anders dar, sodass ein vorgefertigtes und übergestülptes Instrument seinen Intentionen nicht gerecht wird.

Empfohlen wird ein mittlerer Formalisierungsgrad. Verbindlichkeit und Präzision der wesentlichen Punkte sollten in dem Gesprächsbogen abgebildet sein; zugleich soll eine flexible und kontaktorientierte Gestaltung des Dialogs ermöglicht werden.

Die Führungskraft sollte während des Gesprächs die Ergebnisse mitprotokollieren – möglichst im Konsens mit dem Mitarbeiter. (Ansonsten auch die Stellungnahme des Mitarbeiters aufnehmen!) Am Ende des Gesprächs sollten beide Gesprächspartner das Protokoll gegenzeichnen.

4.2 Gesprächsbogen

Das auf der folgenden Doppelseite vorgestellte Formular ist als Anregung und Diskussionsgrundlage für die unternehmensinterne Konzeption zu verstehen. Es orientiert sich am Gesprächsablauf, wie er in Kap. 3.3 skizziert wurde.
Vorbereitungsfragen und eigentlicher Leitfaden sollten hierbei einem eigenständigen Manual vorbehalten sein, um die Gesprächsunterlage nicht zu überfrachten.
Als Zielnomenklatur wurde die in Kap. 2.2 beschriebene Einteilung in die Dimensionen der Balanced Scorecard gewählt.

Schwarz auf weiß ...

Beispielformular für die Dokumentation des Zielvereinbarungsgesprächs

Gesprächsbogen zum Zielvereinbarungsgespräch

Name der Mitarbeiterin/ des Mitarbeiters ....

Name der Führungskraft ....

Datum ....

Rückschau auf die vergangene Periode

Vereinbarte Ziele

Finanzziele	Erzielte Ergebnisse/Zielerreichung
Markt- und Kundenziele	Erzielte Ergebnisse/Zielerreichung
Interne Prozessziele	Erzielte Ergebnisse/Zielerreichung
Lern- und Entwicklungsziele	Erzielte Ergebnisse/Zielerreichung

Gründe für besonders hohe Zielerreichung:	Gründe für geringe Zielerreichung: selbst beeinflussbar: nicht beeinflussbar:

Vorschau auf die kommende Periode

Zielvereinbarungen

Finanzziele	Interne Prozessziele
Messgröße Zielwert Priorität Ressourcen Erste Schritte/ Maßnahmen Termin	Messgröße Zielwert Priorität Ressourcen Erste Schritte/ Maßnahmen Termin
Markt und Kundenziele	**Lern- u. Entwicklungs-ziele**
Messgröße Zielwert Priorität Ressourcen Erste Schritte/ Maßnahmen Termin	Messgröße Zielwert Priorität Ressourcen Erste Schritte/ Maßnahmen Termin

Entwicklungs-maßnahmen	nächste Schritte	Termin/Zeitrahmen

Kommentar der Mitarbeiterin / des Mitarbeiters
(Bei unterschiedlichen Auffassungen kann hier Stellung genommen werden):

. . . .

Datum – Unterschrift
Mitarbeiter/Mitarbeiterin

. . . .

Datum – Unterschrift
Führungskraft

Weiterführende Literatur

- Goleman, D.: Emotionale Intelligenz. 12. Auflage. München 1999.
- Gordon, T.: Managerkonferenz. Effektives Führungstraining. 3. Auflage. München 2005.
- Hofbauer, H. u. Winkler, B.: Das Mitarbeitergespräch als Führungsinstrument. Ein Leitfaden. München, Wien 1999.
- Jetter, F. u. Strotzki, R.: Handbuch Zielvereinbarungsgespräche. Konzeption, Durchführung, Gestaltungsmöglichkeiten; mit Praxisbeispielen und Handlungsanleitungen. Stuttgart 2000.
- Jetter, W.: Performance Management. Zielvereinbarungen, Mitarbeitergespräche, leistungsabhängige Entlohnungssysteme. Stuttgart 2000.
- Kaplan, R. S. u. Norton, D. P.: Balanced Scorecard. Stuttgart 1997.
- Kellner, H.: Konflikte verstehen, verhindern, lösen. Konfliktmanagement für Führungskräfte. München, Wien 2000.
- Kießling-Sonntag, J.: Handbuch Mitarbeitergespräche. Führen durch Gespräche. Zentrale Gesprächstypen. Mitarbeiterjahresgespräch. Berlin 2000.
- Klein, Naomi: No Logo! Der Kampf der Global Players um Marktmacht. Ein Spiel mit vielen Verlierern und wenigen Gewinnern. München 2002.
- Kunz, Gunnar: Zielvereinbarungen – intentionale Gestaltung der Unternehmensentwicklung. In: Organisationsentwicklung Nr. 4, 1998. S. 4-15.
- Langer, I., Schulz von Thun, F.: Sich verständlich ausdrücken. 7. Auflage. München 2002.
- Locke, E. A. u. Latham, G. P.: A Theory of Goal Setting and Task Performance. New Jersey 1992.

- Lorenz, T. u. Oppitz, S.: 30 Minuten für Profilierung durch Persönlichkeit. Auf Basis des Myers-Briggs Type Indicator® (MBTI®) Instruments. 5. Auflage. Offenbach 2007.
- Malik, F.: Führen, Leisten Leben. Wirksames Management für eine neue Zeit. Stuttgart, München 2005.
- Nagel, R., Oswald, M., Wimmer, R.: Das Mitarbeitergespräch als Führungsinstrument. Stuttgart 1999.
- Rosenkranz, H.: Von der Familie zur Gruppe zum Team. Familien- und gruppendynamische Modelle zur Teamentwicklung. 2. Auflage. Paderborn 1994.
- Wildenmann, B.: Die Faszination des Ziels. 2. Auflage. Neuwied, Kriftel 2002.

Stichwortverzeichnis